健康宝宝的
简易断乳食谱

甘智荣【主编】

新疆人民出版总社
新疆人民卫生出版社

守护孩子一生健康的三大营养素

维持生命活动的营养物质被称为营养素，它为人体的生长发育、生理活动和日常生活及劳动提供所需的物质和能量。营养素的来源是食物，食物进入人体后经过消化和吸收之后，其中的营养素就能够被身体所利用。目前已知的营养素有40多种，大致上可分为七大类——蛋白质、脂类、碳水化合物、维生素、矿物质、膳食纤维、水。其中蛋白质、脂类、碳水化合物更被称为三大供能物质。

蛋白质——生命的"地基"

蛋白质是由多种氨基酸组成的一种天然高分子化合物，而组成人体蛋白质的20中氨基酸中，其中一部分人体不能合成或合成速度不能满足机体需要，必须由食物供给，称为必需氨基酸。正常成人的必需氨基酸有8种，包括异亮氨酸、亮氨酸、赖氨酸、蛋氨酸、苯丙氨酸、苏氨酸、色氨酸、缬氨酸。而婴儿比成年人多了一种必需氨基酸——组氨酸，必须从食物中获取。食物中的蛋白质经过消化、水解变成氨基酸，这些氨基酸被身体吸收后，重新按一定比例组合成人体所需要的新的蛋白质，同时，新的蛋白质又在不断代谢与分解，此刻处于动态平衡中。当蛋白质摄入不足时，身体细胞和组织的物质更新受到影响，会导致新陈代谢缓慢，表现为水肿、皮肤色素沉着、生长迟缓、能量缺乏，还会出现身体明显消瘦、贫血、皮肤干燥、肌肉萎缩等现象。长期缺乏蛋白质，宝宝就会发育不良，严重时可导致宝宝死亡。膳食中的蛋白质来源分为植物蛋白和动物蛋白。动物蛋白来源于肉类、蛋类、乳制品等，其优点是易被人体吸收，营养价值较高，瘦肉、鱼肉、去皮鸡肉、蛋清的蛋白质质量最佳，被称为"优质蛋白"。植物蛋白来源于豆类、米面类等，其优点是饱和脂肪和胆固醇含量低，且含有大量对人体有益的膳食纤维。

脂类——提供热量的"主力军"

脂类包括类脂和脂肪，是为人体提供热量的主要物质。脂肪主要为甘油三脂，是由一分子甘油和三分子脂肪酸形成的酯类化合物。类脂则主要包括磷脂、糖脂和固醇类。脂类在人体中，经氧化变成二氧化碳和水，并释放出能量供身体利用。脂类产生的热量约为等量蛋白质或碳水化合物的2.2倍。脂肪还是构成身体组织和生物活性物质的重要成分，对于维持体温、保护内脏器官、增进食欲、

"蛋白质、脂类、碳水化合物"

增加饱腹感、溶解脂溶性维生素具有重要作用。在天然的脂肪中，脂肪酸的种类很多，其中n-3系列的α-亚麻酸和n-6系列的亚油酸是人体必需的两种脂肪酸，即人体不可缺少而自身又不能合成，必须通过食物供给的脂肪酸。实际上，n-3和n-6系列中的很多脂肪酸，如花生四烯酸（ARA）、二十碳五烯酸（EPA）和二十二碳六烯酸（DHA）也是人体不可缺少的脂肪酸，但是人体可以利用α-亚麻酸和亚油酸来合成这些脂肪酸。脂类的食物来源主要有：动物油、植物油和一些含脂类的营养食品，如：核桃、杏仁、开心果、花生、芝麻、牛奶、奶酪、蛋黄、动物内脏、巧克力等，猪油、牛油、羊油等含饱和脂肪酸和胆固醇较多，消化率较低，而芝麻油、花生油、豆油、菜籽油、玉米油等含较多的必需不饱和脂肪酸，可降低胆固醇。

碳水化合物——最廉价的"能量之源"

碳水化合物又称为"糖类"，是由碳、氢、氧三种元素组成的一类化合物，是为人体提供热能的三种主要的营养素中最廉价的营养素，同时又是人体能量的主要能源物质。碳水化合物在体内释放能量最快，是最经济的能量来源。1克碳水化合物可产热16.7千焦，可以有效及时得为神经系统、肌肉的活动提供能量。碳水化合物也参与体内细胞和组织的构成，维持大脑的正常功能，可为肝脏提供糖原，当肝脏内糖原较多时，对某些毒素如酒精、四氯化碳、砷的解毒能力较强，对细菌感染导致的血液毒素的解毒能力也较强。并且在脂肪的代谢过程中，必须有碳水化合物的存在，脂肪才能完全氧化而不产生酮体，否则，酮体过多会导致高酮酸血症。谷类、根茎作物、水果、蔬菜、豆类、乳产品、食用糖类等很多食品都是碳水化合物的食物来源。

烹饪有方法，留住好营养

一般所说的食物营养素，是指食物被烹饪前所含的营养物质，而几乎所有的食物都需要经过高温烹饪才能食用，在这个过程中，或多或少会损失一部分营养素。所以，为了真正地利用食物中的营养素，掌握正确的烹饪方法非常重要。

1 不同烹饪方式，营养流失不同

煮：大部分食材都可以用煮的方式烹饪，由于煮需要加入大量的水，最容易导致水溶性维生素和矿物质流失，对糖类、蛋白质可起到部分水解作用，对脂肪基本无影响。

炒、爆、熘、煸：对维生素C的破坏较大，对其他营养素基本没有太大影响。为了减少营养素的损失，建议将一些食材挂糊之后再进行烹饪。

蒸：蒸会因为高温破坏部分维生素，但不会因溶于水而损失大量水溶性维生素和矿物质。建议选择蛋白质和纤维素多的食材，少选或不选蔬菜、水果等食材。

炖、熬、焖、煨：这些烹饪方法维生素损失较多，如焖的时间过长，B族维生素、维生素C的损失会很大，其优点是可使油脂乳化，部分蛋白质水解，容易消失。

炸：油炸时食物的温度很高，而且容易使食物脱水，因此，对一切营养素均有不同程度的破坏，尤其会导致水溶性维生素丧失、蛋白质过度变性、脂肪酸被破坏。为了尽量减少维生素的损失，建议油温不宜过高，并将食材进行拍粉、上浆、挂糊等处理。

烤、煎：烤对维生素A、B族维生素、维生素C的破坏很大，如果是直接用明火烤，还容易生成致癌物质。煎会损失部分维生素，对其他营养素破坏不大。

2 日常食材这样烹调，营养损失最少

不同种类的食材所含的重点营养素不同，为了尽可能地保持其营养素不被破坏，应选用合适的烹饪方法。

谷物：谷物应该尽量减少淘洗次数，不可用力搓洗。烹饪方式以蒸、煮最佳。

蔬菜：清洗蔬菜时应用流水，避免浸泡，以免损失B族维生素、维生

素C；先洗后切，不要切得太细、太碎，以免维生素C在空气中氧化而损失。炒蔬菜时，急火快炒营养素损失最少。

鱼肉类：肉类及其他动物类食物用炒的方式制作营养损失最少，用红烧或清炖的方式制作营养损失最多，用蒸或煮的方式营养损失也较多，但因烧、炖、煮时，可使水溶性维生素和矿物质溶于汤汁中，故用这些方法烹饪的肉类或鱼类要连汤汁一起吃掉。

本书要如此使用：

● 在这里，充分解决平时心中堆积的所有疑虑。我的孩子是否充分地吸收了铁质、什么时候开始准备断乳食品；如何让厌食的孩子养成正确的饮食习惯、肉类的食用量是多少等一系列司空见惯的问题，我们都会为您解决，以扫除您全部的心理负担。

● 提前学习孩子所需的营养素。孩子成长所需的营养素、维生素和无机质等要素的种类有哪些，各种营养素的食物来源分别是什么，如果想让孩子更有效地吸收营养应该选择哪些食品等问题，妈妈应该事先掌握清楚。它会在您准备营养食谱的过程中提供必要的帮助，以养育健康聪明的孩子。

● 确认每个时期可吸收的食材。均匀地食用蔬菜、水果、肉类、海鲜等食品，但是每个不同的成长阶段，都有必须限制使用或延后使用的食材。本书整理了每个断乳阶段可选用的食材，追求一目了然的效果，可以将其贴在冰箱上，作为买菜时的参考资料。

● 确认每道断乳食的营养素和热量等问题。准备断乳食的妈妈们都会考虑每道断乳食中含有哪些营养素，如果妈妈们可以清楚地掌握这些内容，那么日后确认孩子的营养状况或准备断乳食，都有着很好的指导作用。为此，本书详细地介绍了每个断乳食得总热量和主要营养成分，并具体分析了料理时间、保存时间、1次食量等问题。

● 制作断乳食日记。每次孩子尝试新食物的时候，妈妈都要记录孩子食用后的反应、食量等细节问题，从记录可以看出，宝宝对于每道断乳食品的适应情况，适时改变断乳食谱和进行新一轮的食品尝试。

这本书中所提到的年龄（月龄）都表示满岁。

contents

Part2

Part1

Contents

两岁前后的幼儿食
（出生后18~36个月）

Plus info.

low fat milk

Yogurt

断乳食，
应该何时开始准备才是最合适呢？

宝宝满5个月，便应慢慢开始准备断乳食

一般来说，喝奶粉的孩子是在产后5个月、喝母乳的孩子是在产后6个月以后，开始与断乳食见面。如果过早地准备断乳食，由于孩子的肠胃发育不良，会导致腹泻、与过敏症有关的疾病或发育不良等一系列问题；相反地，如果太晚准备断乳食，孩子的身体会缺乏微量元素或导致偏食的习惯。产后5～7个月，孩子的体重会变成刚出生时的2倍，即6～7千克，对于各种营养素的需求也会显著增加。

断乳初期应用大米代替米饭制作米糊

大米（即粳米）的味道比较清淡，孩子对大米不会产生反感，最重要的是大米几乎不会引发任何过敏症。第一次制作断乳食时，使用粳米最有益于孩子的健康。很多母亲会疑惑，是否可以用糯米或米饭制作米糊，实际上，应该等到孩子适应断乳食的后期阶段，再使用米饭会比较好，在此之前应该使用大米，以便为孩子提供温和的口感。

每隔3～5日添加一种新食材

断乳初期不宜混合多种材料，应该一次使用一种食品，一边观察宝宝的反应。每次添加一匙的量时，如果孩子无腹泻现象，就慢慢增加使用量。每隔3～5日添加一种新口感，也就无需再为添加新食品的时间而烦恼了。不过，一旦孩子出现腹泻、呕吐、皮肤发疹等症状，就要停用几天，观察情况后再重新开始。

重点在于让宝宝适应汤匙的使用

初期的断乳食不是用于补充营养，其主要目的是拉近孩子与汤匙、杯子等工具的距离。妈妈们一般都是担心该喂多少、营养是否充足等问题，希望妈妈们正确理解初期断乳食的作用——让孩子熟悉并掌握使用汤匙的手感。

断乳食
为什么如此重要?

除母乳外的重要营养补充餐

对于断奶这一问题，妈妈们往往是倾向于表露担心、反感等心态。经常有"母乳都没能喂好，应该让他多吃奶粉"等想法，断乳是指孩子从吸食母乳或牛奶的行为发展为咀嚼食品的行为。由此可知，断乳并不是完全停止食用母乳或牛奶，因此，断乳食应该是断乳期的营养补充餐。

给予味蕾丰富的刺激与吸收营养同样重要

孩子满6个月以后，如果只提供母乳和奶粉，就无法为孩子提供成长所需的能量和营养，而且还会使孩子的成长速度变得缓慢，这时，营养补充餐就应该闪亮登场，恰到好处地提供热量、铁和锌等营养素。如果孩子一天喝1000毫升以上的调制奶粉，就表示他的身体需要补充营养素，提供补充食的时刻到来了。若要以母乳或牛奶等液体提供孩子所需的营养，不仅需要较多的食用量，还会给肠胃带来负担。既然是使用相同的数量，不如以固体代替液体，以便促进营养密度升级。断乳食最大的目标是，以补充食提供热量和多种营养素，同时让孩子接触丰富的味道，为偏食的恶习打上预防针。

不同时期，
断乳食的种类也不同

孩子的吐舌反应并不是表示反感

第一次喂孩子吃断乳食时，孩子经常会用舌头把食品推出来，大人会误以为孩子在拒绝食品。但实际上，这只是孩子表现出的反射作用，并不是表示反感。孩子满5个月后，就不会再表现出上述反应，此时就是准备断乳食的最佳时机；孩子满7个月后开始长牙齿，就开始懂得用下巴咀嚼食品，慢慢形成均匀的咀嚼能力；孩子满8个月后，舌头运动变得灵活；孩子满10个月后，咀嚼动作变得精巧；孩子满12个月后，手部肌肉变得发达，开始抓杯子，并用手抓食品放到嘴里。

断乳中期，宝宝可以尝试半固体断乳食

孩子满5～7个月时，是掌握汤匙使用法的最佳时期，适合准备果汁、煮熟后捣碎的水果、蔬菜或米糊等食品。孩子满7～9个月时，伴随着身体结构的成长发育，可以上下移动下巴，能在一定程度上用嘴巴绕动食品，适合准备用舌头或牙龈咀嚼的粥、豆腐、香蕉等温和的半固体食品。一开始孩子是直接吞咽食品的，就把这一时期当做是喂孩子吃半固体食品的练习阶段，慢慢提高食品的浓度。

孩子满周岁时，就可以食用米饭了

当孩子满10～12个月时，就应该让孩子直接用手抓着食品放到嘴里，多练习这项调整运动，能够更好地训练孩子双手的灵活性和协调性。另外，让孩子掌握汤匙的使用法，并教会他用杯子喝东西。在这一时期，孩子可以食用多种食品，妈妈要尽量让孩子接触林林总总的食品。满12个月以后，孩子的消化能力几乎达到成人的水准，食量也会与日俱增。这时，适合准备粥（米饭）、拌南瓜、蒸豆腐、鸡蛋糕、煎海鲜等煮熟的、容易消化的料理。

断乳食并不一定
只能用有机食品

有机食品并不是唯一的选择

　　健康饮食成为一种时尚，购买有机食品的热潮一波接着一波，很多妈妈们在准备断乳食，就会非有机食品不选，但实际上，大家有必要冷静地判断市面上的有机食品是不是货真价实的百分百有机、是不是销售商为获暴利而挂羊头卖狗肉。事实上，有很多销售商都标明"自然蔬菜"、"放牧"等标志以蛊惑人心。还需要注意一点，有机产品也有允许喷洒的农药，因此，妈妈们不要大意，就算是有机食材也要做好清洁处理。

有机食品的营养成分并无大异

　　有机食品比一般食品含有更加丰富的营养吗？事实上，我们无法给出任何明确的答复，因为我们无法区分有机食品与一般食品之间的营养成分差异。目前为止，没有一项证据证明有机食品在营养含量列表中名列前茅。由此可知，喂孩子吃一般食品也不会对孩子的健康造成威胁或导致其他营养问题。这只是单纯的选择趋向。

用新鲜的食材，用心为宝宝制作全面均衡的断乳食才是最重要的

　　有许多妈妈都会思考这些问题，例如：是否应该购买有机材料喂孩子吃、有机食品要坚持使用到什么时候、必须要准备的有机材料有哪些等。妈妈们误以为非有机食品会对孩子的健康产生影响。其实说到孩子的健康，让孩子接触丰富的食品、吸收均匀的营养才是最重要的问题。妈妈们执意选择有机食品，从而限制食品种类，反而会招来适得其反的效果。用新鲜的食材，用心为宝宝制作断乳食，让宝宝感受到食物的美妙，喜欢上食物才是重要的。

Q4

蔬菜和水果
混合食用的效果更好

培养良好的饮食习惯也是非常重要的

如果孩子喜欢吃水果，不喜欢吃蔬菜，虽然也可以补充充足的维生素或无机质，但长期以往，宝宝就会形成偏食的坏习惯。所以妈妈一定要注意，及时调整宝宝的饮食习惯。妈妈们可以从煮蔬菜汁开始，再慢慢进阶为煮熟后捣碎的状态，或以煮粥的形式制作料理。待孩子有了咀嚼的能力，再将少量蔬菜捣碎后添加到孩子喜欢的其他食品当中，之后再慢慢增加其量。

从果汁开始入手

妈妈们可以喂孩子吃苹果、梨、香蕉等带皮的水果。提供水果也需要循序渐进，最初妈妈可以用刨刀器为孩子准备果汁，随后进阶为捣磨、切开等形式下的大颗粒状水果。水果要去除籽和皮，以便制作适合孩子身体健康的水果。橘子、柳丁、番茄、草莓、葡萄等水果等日后再喂。尤其是葡萄，它有可能会让孩子噎到而产生窒息，所以应尽量推迟使用时间，安全行事以除后患。

依宝宝的咀嚼能力而改变食物的状态

孩子满9～10个月时，最适宜将水果榨成果汁来喂。不过，当孩子满10个月之后，妈妈们可以直接将水果切成小片状，喂给宝宝。待宝宝适应了咀嚼水果片时，宝宝就可以自己拿着水果啃果肉了，此时，可以选择一些软硬适中的水果，既可训练宝宝的咀嚼能力，又能避免宝宝咽着。

铁质
应该如何补充？

孩子满6个月后可以开始摄入肉类

孩子满6个月后，体内的铁或锌等微量营养素会愈来愈少，此时，妈妈们就应该通过加入新的食物以补充宝宝成长所需的铁质等微量元素。牛肉含有丰富的铁质，并且更易于被宝宝消化吸收。因此，为了给孩子补充充足的铁质，当孩子满6个月时，每天都应该让牛肉陪伴着他。妈妈们一般以大米糊或粥等碳水化合物为主，以蔬菜为辅，牛肉就可以添加到米糊、米粥或汤水中，喂给宝宝。

汤渣也富含各种营养成分

牛肉熬汤后，不只是汤水，同时喂孩子吃牛肉才可以补充充足的铁质。孩子一般倾向于把肉吐出来，第一次喂的时候要彻底捣碎，让孩子感觉不到牛肉的存在，待孩子熟悉一段时间后，再增加颗粒的大小。牛肉一般需要去除牛筋和脂肪，取其瘦肉，以达到最佳的消化效果。

菠菜或西兰花也可以补充铁质

铁质不是牛肉的专属品，牛肝、虾、贝、鸡肉、蛋黄、海带芽、昆布、菠菜、西兰花等食品都含有铁质。菠菜、西兰花、蛋黄等食品在孩子满6个月后就可以摆上餐桌了，不过想要补充孩子身体所需的铁质就需要增加数量。相反，牛肉的铁质含量较高，且易消化，与其他食品相比，可以说是一箭双雕的供给源。如果是使用鸡肉时，去除动物性脂肪含量高的鸡皮，取其瘦肉开始使用。

过敏食品
应该全面限制食用吗？

对于过敏食品，不应全面限制食用

当鸡蛋被宣布为容易引起过敏的代表性食品之后，妈妈们便一再延后喂孩子吃鸡蛋的时间。实际上，除非有哪位家人是过敏症重患者，否则没有必要冷落鸡蛋。在孩子满6个月后，可将蛋黄煮熟并捣碎到奶粉或水中喂孩子吃，但不要过早让孩子接触蛋白，否则可能会提高过敏值，因此蛋白最好是在孩子满一岁后再亮相。食品引起的问题主要出现在一周岁之前，孩子满36个月后，许多症状都会消失。因此，妈妈们不能因为担心过敏症而全面限制使用过敏食品，应该择善而从。在拿到确切的过敏诊断后，再限制使用这些食品才合理，若随意地限制使用某些食材，就有可能会造成营养不良和发育不良。

过敏高危险群食品，适宜满周岁的孩子再开始使用

松仁、杏仁、花生等坚果类，虾等甲壳纲类，贝类等甲壳类，草莓、奇异果等水果类都有引发过敏的危险。这些过敏高危险群食品最好在孩子满一岁后再慢慢开始添加食用。尤其是当孩子有过敏症或有家族病时，应该在孩子满3岁后再开始使用。还有一点，背部呈蓝色的海鲜有可能含有让痘痘现身的组织胺。新鲜的食品中这些物质的含量较低，因此妈妈们应该尽量为孩子提供新鲜的食品。

及时就医，确认宝宝是否出现过敏反应

如果孩子吃某种食品后，嘴巴周围出现红肿现象，有可能不是过敏，而只是接触食品后的反应而已，所以妈妈们不必太担心。如果红肿现象不仅出现在嘴巴周围，还扩散到身体的其他部位，或者已经开始长痘痘等一系列恶化现象时，就应该及时进行过敏检查了。等到妈妈确认并掌握孩子是不是过敏体质、对哪种食品产生过敏反应等情报后，再限制该食品。

过敏症不仅源于食品，还与食品添加剂有直接的关系。

喂给宝宝市面上的
断乳食品是否不好？

自家用心制作的断乳食最佳

妈妈精心制作的断乳食，不仅可以为孩子补充营养，还可以让孩子接触别具一格的味道，养成正确的饮食习惯，为今后的良好习惯以及身体健康打下坚实的基础。而市面上的断乳食是混合了牛奶类、谷类、水果类、蔬菜类、鱼肉类、糖类、油脂类等多种食品的粉末状形态，如此一来，孩子无法尝到每个食材独一无二的味道，那么断乳食的使用计划就不会那么顺利地过关，加上孩子会长时间吸吮奶瓶，进一步引发偏食的可能性。妈妈牌断乳食比市面上的断乳食实惠，让孩子接触多种食品也是一种显而易见的优点。

妈妈制作的断乳食也有可能缺乏营养

如果妈妈在知识贫乏的情况下制作断乳食，就无法让孩子吸收充足的营养。请注意这个问题，妈妈准备的断乳食就是卫生又营养的爱的象征，为孩子的成长提供不可或缺的帮助。主食就准备三种食品，点心准备两种食品就差不多了。

看清市面上的Baby果汁

许多产品表面上打着光鲜亮丽的无糖名号，塑造着100%果汁的形象，实际成分表中却显示添加了高果糖、液体果糖等糖分，妈妈要懂得判断这一类鱼目混珠的行为。为孩子买无糖的Baby饮料作为点心时，妈妈们应发挥敏捷的观察力，判断此种饮料是不是名副其实的无糖食品。但如果只是为了补充水分，那么使用牛奶或母乳就已经足够了；如果是为了补充维生素，买新鲜的水果直接榨成果汁即可。给6～12月大的孩子喂果汁时，一天准备120～150毫升以内的果汁，而且必须要倒到杯子里喂孩子喝，训练宝宝使用杯子喝东西。如果一定要喂给宝宝果汁，建议使用儿童用果汁或无加糖的天然水果汁，即使是100%的果汁，其水果糖分也集中地浓缩在一起，孩子一定会尝到甜味，因此直接喂孩子吃新鲜的水果更好。

孩子吃得多，
但是体重升不上

仔细观察孩子的成长情况

如果孩子的食量非常大，但是个子却不长，体重也无变化，那么就应该检查孩子是否正常成长、营养供给是否充足等成长状态。与个子相当的孩子相比，体重相对较轻，就意味着营养供给不充分；与年龄一样的孩子相比，个子相对较低，孩子就有可能患有慢性营养不良症。另外，与孩子的食量相比，表现出的活动量较多时，卡路里消耗比重会明显增加，就会影响孩子正常生长发育，这时就需要增加热量的摄取量。

确认孩子平时的饮食习惯

如果孩子以牛奶、果汁、酸奶等液体食品为主食，而忽视了固体食品，孩子的体重在增长，但个子却没有变化，此时孩子的问题就比较严重，妈妈们应带孩子看医生进行诊断。体重过高的孩子一般个子也会成正比，在这种情况下，孩子会表现出活动量减少、偏爱富含碳水化合物的食物，大人应该在旁边细心观察，并及时发现和纠正孩子不良的饮食习惯。

学会记录孩子的成长日志

平日里按时制作成长日志，每隔2～3个月测量孩子的体重和身高，并且与"小儿发育标准值"进行比较，以确认孩子是否在正常成长。对于孩子的成长发育起着重要作用的习惯性问题，就是确认孩子是否有如下问题，即：比起个子，体重是否过高；比起体重，个子是否过矮等。如果出现异常，应该及时去找专家医生进行确诊。

孩子不爱吃米饭，怎么办?

孩子并非真的"完全不吃"

很多妈妈会经常担心自己家的孩子吃得太少了，因此，妈妈们就会一整天都喂给宝宝吃东西，孩子走到哪里就喂到那儿，如：牛奶、酸奶、起司、水果等食品。而妈妈们还担心孩子吃得太少，其实孩子吃的东西已经很多了，而且胃部已经开始拒绝任何外来物，在这样的状态下，到吃饭时间时，当然会吃不下了。与其让妈妈发挥喂饭欲望，时时刻刻喂孩子吃饭，不如订规律的饮食时间和点心时间，并养成让孩子坐在饭桌上吃饭的好习惯。

根据孩子的食量确定食物准备量

如果妈妈总是追着孩子喂，原本没有胃口的孩子还是会硬着头皮吃下去，接着，就会对饮食逐渐失去兴趣，并最终对饮食产生消极的想法。当孩子想不在规定的时间内吃饭时，妈妈们应断然收拾餐桌，让孩子意识到按时吃饭的重要性。此外，生活中，我们就会发现有些孩子过了周岁还是需要妈妈一口一口地喂，这是因为孩子断乳期间没有进行自主吃饭的训练。因此，妈妈们应该注意：即使孩子一边吃一边掉饭菜，把饭桌弄得一团糟，也请让孩子自己动手握住汤匙，养成利用汤匙吃饭的习惯，以享受饮食的乐趣。并且妈妈们需要弄清楚，提供饮食种类是妈妈的责任，选择食量则是孩子的权利。妈妈该做的事情是摆放好有营养的食品，让孩子享受色香味俱全的佳肴。孩子不想吃饭时，妈妈若施展自己的喂饭功夫，只会加剧孩子对饮食的反感。

Q10

什么时候可以添加盐调味？

不宜过早添加盐调味

孩子即使已经满周岁了，对于盐分的使用还是要慎重。虽然清淡的食品不受孩子欢迎，但是咸食对于高血压患者来说是一个致命性的毒药。因此，从小就应该减少孩子的盐分摄取量，让孩子远离咸食。喂孩子吃断乳食时，原则上应该断绝使用含盐分的调味料，汤水也要尽量走清淡路线。完成断乳食阶段后，最好使用海带等食品进行调味，尽量与酱油或盐等调味料保持距离。

泡菜和起司也要注意使用

泡菜虽然是良好的发酵食品，但是其盐分含量过高，不宜喂孩子，即使用清水过滤一遍后，其盐分含量也不会减少。在为孩子准备时，应准备儿童专用泡菜，必须坚持走清淡路线，并一点一点地放到碗里。另外，有不少的妈妈们直接切小块的起司给孩子当点心，要知道，直接食用起司并不科学，与面包、米饭等食品搭配食用最佳。

应该在断乳食后期再食用鳀鱼或昆布的盐分较高

鳀鱼或昆布经常被作为熬汤的底料，但是这些食品的盐分含量也很高，尽量减少其使用次数。鳀鱼也被大众认为是一种海鲜，也有一些人持有不喂孩子吃鳀鱼的意见。断乳食后期可以熬鳀鱼清汤，但是一定不能直接把昆布或鳀鱼粉加到汤里，这样一来，盐分会轻而易举跑到孩子体内了，妈妈们一定要注意盐分的使用量。

调味海苔不宜列入宝宝的菜单

很多孩子喜欢吃调味海苔，但是市面上的调味海苔使用了大量碘盐，并不适合作为婴幼儿食品，因此，不使用调味海苔就是最简单明了的方法。

Q1

什么时候可以添加甜味料？

断乳结束期后，也要尽量推迟甜味料的使用

甜味与咸味一样，尽量推迟使用时间有百利而无一害，完成断乳食后也尽量不要喂孩子吃甜食。甜味一旦上瘾，就让人无法自拔，它会助长孩子追求甜食的饮食习惯，并且让这一习惯生根发芽，结出恶习的果实，最终难以连根拔除。为孩子提供苹果、香蕉、草莓、西瓜、菠萝等新鲜的水果，让孩子享受自然的甜味。

满周岁后的孩子也应少食用蜂蜜

蜂蜜中含有称为"肉毒杆菌"的细菌毒素，在孩子满周岁前食用蜂蜜，可能会导致肌肉麻痹，不仅如此，蜂蜜的甜味较重，孩子满周岁前也应该尽量少食用蜂蜜。

市售的儿童饮料或饼干中的糖分也不容忽视

市面上销售的儿童饮料或饼干花样百出，刚好减轻了妈妈为孩子选择点心的负担。但妈妈们仔细查找儿童饼干的成分示意图，我们不难看出油、盐、糖分等调味料都有出现。因此，我们不要被"儿童饼干"这四个字所诱惑。妈妈们可以用新鲜的水果代替饼干，切成适合孩子食用的大小，让孩子抓在手里吃，培养良好的点心习惯。

酸奶也并非100%的放心食品

富含乳酸菌的酸奶是作为点心的不二选择。满8个月后，孩子可以吃不含糖的原味酸奶，不过市面上的酸奶都追求美味，大多数都会添加果酱或砂糖等食品，这一点需要注意。我认为最安全有效的方法是在家里制作妈妈牌酸奶，与新鲜的水果调成口感一流的安心食品。孩子满足于奶粉或牛奶时，营养方面并不一定需要起司或酸奶的参与，不过妈妈想要提供丰富的口味，可以试着让孩子尝试，但是记住一定要选择无添加糖的食品。

Q2

可以用豆奶替换鲜奶吗?

选择牛奶更明智

孩子满周岁后，就可以享受鲜奶了。有些妈妈们比较担心抗生素或成长促进剂等成分，就会经常用豆奶代替鲜奶，但是她们不知道动物性蛋白质比植物性蛋白质更有助于成长。由此可知，选择牛奶比选择豆奶更加明智。

慎重选择豆奶种类

喂孩子喝豆奶时，可以选择儿童豆奶，不宜直接使用普通的豆奶。儿童豆奶是成长所需的食品，在儿童豆奶中含有普通豆奶中所没有的氨基酸。不过市面上的豆奶大多含有较多的精制糖、液体果糖、高果糖等单糖，购买时请尽量选择这些成分较少的产品。

孩子满两岁后，应控制脂肪的摄入量

如果孩子的体重超过了平均值，在孩子满两岁后，就应用低脂牛奶代替普通牛奶，开始进行体重管理，因为小儿肥胖很有可能转换为成人肥胖。在孩子满两岁后，有必要开始控制脂肪含量的飙升。像香蕉牛奶、草莓牛奶、巧克力牛奶等食品含有大量的砂糖，虽然孩子非常喜欢这些食物，但是妈妈最好避免让孩子与这些食品接触。如果孩子不喜欢纯牛奶，就将低脂牛奶与水果一起搅拌榨成果汁，或进行冷冻后作为冰糕类的替代品。

什么时候食用谷类比较好?

大米和多种杂谷混合加工食品并不适用于断乳食

    大米和多种杂谷的混合加工食品,富含碳水化合物和食物纤维,但脂肪和蛋白质含量较低,成长发育所需的五大营养素含量也不均衡,因此不适用于断乳食。它不宜孩子消化吸收,而且因为同时提供多种谷物,导致无法判断到底是哪一种食品让孩子引起过敏,使用时必须要注意。

孩子满两岁时,可添加糙米

    糙米或杂谷类的营养素非常丰富,但是由于食物纤维含量较高,不易被孩子消化吸收。不仅如此,还会妨碍体内无机质的吸收,因此糙米可在孩子满周岁后再慢慢使用,而杂谷类应在孩子满两岁后再使用。大米的营养成分一般都在捣精将糙米脱去糠层过程中流失掉,仅剩碳水化合物;与此不同的是,糙米或杂谷中含有大量维生素B群、食物纤维、无机质等营养素。在孩子满周岁后,可以开始添加少量糙米制作米饭,只要孩子可以顺利进行消化吸收,并无任何异常,就可以慢慢增加使用量。等孩子满两岁后,糙米与其他杂谷就可以混合使用了。

Q4

不宜让宝宝形成
汤拌饭的坏习惯

细嚼慢咽，才是好习惯

孩子满周岁后，就可以吃米饭了，很多妈妈会在汤或水中拌饭喂给孩子吃，周岁大的孩子并不熟悉咀嚼的动作，遇到汤饭自然是一口咽下去。如果长期在汤、水里拌饭给孩子吃，不仅会干扰孩子的消化吸收，而且还会对孩子的饮食习惯带来不良影响。而大多数妈妈都会希望喂给孩子吃多一点食物和丰富的食物，因此会用不计其数的材料熬汤，然后再用汤来拌饭，她们错误地认为这样就能让孩子吸收所有的营养。但是需要注意的是，在这一时期多喂孩子吃好食品固然重要，但是更为重要的是培养孩子细嚼慢咽的饮食习惯，因为孩子的饮食习惯会在2岁之前定性。

汤饭分开喂才是正确的喂食方式

如果是那些没有汤就不吃饭的孩子要怎么办？不能因为汤饭不好，就让孩子挨饿。这个时候我们可以采取汤饭分开喂，慢慢地改变喂食的方式，开始的时候熬煮清淡的汤拌饭，慢慢减少汤拌饭的次数，让宝宝尝试食用干米饭，并且给予宝宝一定的咀嚼时间，让宝宝适应咀嚼的过程，并且让宝宝喜欢上汤饭分开的口感。

面条也不宜直接吞咽

如果以面条为主食，可能会导致碳水化合物的过度吸收，加上在加工过程中销售者会在面条中添加食用盐，如果孩子经常接触面条，就会习惯于咸味，米饭自然变得清淡无味了。此外，虽然面条是孩子喜欢的一种食品，但是由于经常直接吞咽，无益于养成良好的饮食习惯。

在外用餐时，
应该如何选择食物？

尽量减少外出用餐的次数

在家里，妈妈们会充分考虑营养，材料也会选择性地取舍，并制作出营养丰富的断乳食，但是一旦到了外面，妈妈就会放松警惕，怀有"偶尔一两次，就随便喂吧"的心态，在外坚持走随便路线。在外用餐时，最好从家里带些孩子的食品，准备一两种食品，取适量就可以满足孩子一餐饭的需求了。因为外面的食物大多数都是高热量食品，添加了大量精盐、砂糖、油等调味料，加上卫生也未经鉴定，对孩子来说可能存在一定的隐忧，因此尽量减少外出用餐的次数。

孩子禁用速食食品

速食是孩子的禁用食品，因为孩子一旦爱上速食，就会吸收过多的热量、脂肪、碳水化合物、砂糖，走向肥胖之路。尤其是披萨、汉堡，它们是高热量的代表食品。孩子们钟爱的炸酱面含有过多的盐分和砂糖，而且化学调味料也在其中大放异彩，妈妈们应该尽量让它远离孩子。请尽量减少外出用餐的机会，最值得放心的事莫过于在家吃饭了。一家人一起吃饭会让孩子养成良好的饮食习惯，而且会增加孩子吃蔬菜和水果的几率。

营养剂
是否是必要的?

营养剂无法代替食品

许多妈妈会喂孩子吃维生素或钙等营养剂，其实，平时按时吃饭、健康的孩子无需坚持食用营养剂。当然，通过营养剂可以补充不足的特定营养素，但是营养剂无法代替食品。最佳的营养是通过饮食来摄取的。

孩子爱吃水果和蔬菜，就无需喂给宝宝维生素剂

大多数孩子不喜欢吃蔬菜，而且水果也只吃特定的几种，所以妈妈们会选择维生素剂，不过有些妈妈即使看到孩子爱吃水果和蔬菜，也不忘另外提供维生素剂。只要孩子平时不偏食，充分地吸收了蔬菜和水果，就无需喂给孩子维生素剂了。

偏食的孩子可食用综合维生素剂

如果孩子的偏食习惯比较严重，应该提供综合维生素剂，补充有可能缺失的微量营养素。另外，如果孩子早期就待在托儿所或是玩具房等地方，妈妈没有时间直接制作食品，就可以喂综合维生素剂。

钙质
对于孩子是否已经足够了?

每天2～3杯牛奶，就能够满足孩子所需的钙质

牛奶中的钙质容易被人体所吸收，只要一天喝上2～3杯牛奶，能够更好地解决孩子生长需要摄取的钙质。如果妈妈希望孩子骨骼强壮，就该用母乳代替奶粉，而且孩子在户外边晒太阳边玩耍，就可以促进维生素D的增长，有助于强健骨骼。

宝宝缺钙的症状

宝宝缺不缺钙，可以从宝宝的膳食质量中获取钙的量是否充足，其次要了解宝宝的表现。宝宝轻度缺钙会表现出：烦躁、好哭、睡眠不安、易醒、易惊跳、多汗、枕部脱发圈、出牙落后等；而缺钙严重者可引起佝偻病，甚至会引起各种骨骼畸形，如方颅、乒乓头、手镯或脚镯、肋骨外翻、鸡胸或漏斗胸、O型腿或X型腿等。此外，还可出现肌张力低下、运动机能发育落后，大脑皮层功能异常、表情淡漠、语言发育迟缓、免疫力低下等。

通过食用食品补充钙质才是最佳的方法

牛奶、起司或酸奶等乳制品，海带芽、昆布、西兰花、叶菜类、豆类、豆腐等食品都含有大量钙质，而且有助于钙质在体内吸收的维生素D，对于强健骨骼也具有重要的作用。晒到太阳后皮肤会与之合成维生素D，让孩子经常在户外玩耍有助于强健骨骼。

铁质
对于孩子是否已经足够了？

断乳食初期如何给宝宝添加奶粉

为了满足宝宝营养吸收和健康成长，母乳喂养的宝宝在成长到6个月之后就可以逐步添加配方奶了。奶粉中不仅含有铁质，所有营养素都均匀地分布其中。制作初期断乳食时，添加奶粉不失为一种上策。如果是长期食用奶粉的孩子，便可以为孩子提供熟悉而又亲切的味道，可以说是一举两得。不过需要注意的一点是，孩子可能会恋上奶粉的香甜味，对其他食品失去兴趣。

孩子出现贫血症状时，应该提供铁制剂

孩子满6个月后，可能由于缺乏铁质而患上贫血。缺铁性贫血会阻碍孩子的成长发育，同时还会降低食欲。很多妈妈们会犹豫，是否应该喂给孩子食用铁制剂，但是一旦在医院得到缺铁性贫血的确诊时，就必须喂孩子吃铁剂。仅靠食品摄取是无法治愈贫血症的，这就需要持续3个月服用铁制剂。孩子要多吃东西才能治愈贫血，但是贫血势必会降低食欲，从而导致恶性循环。让患有贫血的孩子吃铁制剂，效果会立竿见影。妈妈要抓住这一时机，喂孩子吃牛肉等富含铁质的食品。孩子均匀地吸收各种食品有助于治愈贫血症。

依靠豆类及其制品可以吸收充足的蛋白质吗？

满3岁后，应该重视蛋白质的给予

在孩子的成长过程中，蛋白质营养素扮演着至关重要的作用。人体的每一个细胞都含有蛋白质，在人体新陈代谢中，旧细胞不断被分解，新细胞不断被合成，这都需要蛋白质。只有不断地从外部进行供给，人体才会发育成长。蛋白质的摄取量要占一天总摄取量的20％。喂给孩子吃丰富且优质的蛋白质，消化吸收效果极佳且必需氨基酸均匀分布的鸡蛋、牛奶、肉类、海鲜等动物性蛋白质再合适不过了。动物性蛋白质的消化吸收程度高达95％，其氨基酸的构成也能满足人体的需求。尤其是在迅速成长的3岁前阶段，喂孩子吃富含蛋白质、铁质、锌等营养素的牛肉会有事半功倍的效果。

动物性食品比植物性食品含更加丰富的蛋白质

孩子的食量小，因此食品品质达不达标的问题便扮演着举足轻重的影响。动物性食品比植物性食品含有更加丰富的蛋白质，而且更易于消化吸收。如果想从植物性食品中摄取所需的蛋白质，就要大量食用该食品，这并非现实的方法，并且不可能仅靠豆类等植物性食品为孩子提供蛋白质。

牛骨汤脂肪含量高，宝宝不宜多食

妈妈们一般都会提前熬好牛骨汤，到了用餐时间就喂孩子拌饭吃，这一习惯并不会为孩子带来益处。从营养方面来看，牛骨汤的脂肪含量较高，蛋白质含量却比较贫乏，虽然在孩子满2岁前无需限制脂肪含量，但是在此之后则需要慢慢减量。如果妈妈一直坚持喂孩子喝牛骨汤，孩子接触其他食品的机会就会减少，咀嚼的习惯也会被埋没，会对培养正确的饮食习惯造成负面影响。

Q20

妈妈们必须掌握的必需营养素&维生素

当孩子长大，开始接触断乳食时，
妈妈们最好奇、担心的问题便油然而生了。
选用哪一种食品，怎么进行制作，
提供多少量，营养供给是否到位，
孩子必需的营养素是什么等一系列问题，
就开始一个接一个困扰着妈妈们。
现在，就让我们来了解，从出生后第一次
接触固体食品的离乳期开始，
到满两岁后的幼儿期，孩子在成长过程中，
所必需的营养素到底有哪些?

碳水化合物

碳水化合物亦称糖类化合物，是自然界存在最多、分布最广的一类重要的有机化合物。可为人体提供50%以上的能量。对于需要大量能量的孩子来说，非常重要的供给源有单纯碳水化合物（单糖类）和复合碳水化合物（多糖类）。单纯的碳水化合物几乎是由糖分组成的，包括了白米、白面粉、白糖等食品。这些单糖迅速被人体所吸收后，能提高体内的血糖，当人体急需能量时，最适合选择这些食品，但是过度的吸收只会分解过多的胰岛素，对身体会产生危害。

相反地，复合的碳水化合物中单纯的糖分含量较少，它主要由淀粉和纤维素组成，它们在体内慢慢溶解，给人饱足感，帮助人体维持长时间的能量。它的食物纤维含量较丰富，能帮助人体维持长久的健康。食物纤维分为水溶性和不溶水性，不溶水性食物纤维具有助消化、防便秘等效果。糙米、地瓜、马铃薯、玉米、菜豆、红豆、大豆等未捣精的谷物含有丰富的复合碳水化合物。大麦、胡萝卜、苹果、海藻类等食品富含的食物纤维，能有效降低人体吸收胆固醇的力度，降低心脏病和脑中风的危险，并能有效调解糖尿。

＊选择性地提供加工食品 果汁或果酱是将水果中有益的食物纤维清除殆尽后，浓缩糖分而制成的食品。马铃薯皮中含有大量营养成分，不过大家通常都是削皮后经过煎、炸，如此一来，营养成分全部流失掉了，留下的唯有单纯的糖分。由此可知，食品愈加工愈是助长单纯糖的增加，因此建议大家直接食用，尽量选择加工最少的食品。

＊＊选择加工比较粗糙的谷物 米糠富含植物油、食物纤维、维生素B群等营养素，但是经过精细加工的白米中不会出现这些营养素的身影。全麦粉也富含B族维生素、无机质、膳食纤维等营养素，可想而之，这些营养素绝对不会出现在白面粉中。谷物就选择加工不精细的全麦、糙米、杂谷等食品，加工食品也应该关注使用杂粮所制成的产品。马铃薯富含无机质、维生素、必需氨基酸等营养素，但同时含有较多的碳水化合物，因此，即使在马铃薯盛行的美国，马铃薯仍然被选为需要禁忌的食品。

＊＊＊选择砂糖含量较低的食物 孩子们的主食包括大米饭、面包等单纯碳水化合物，它们的糖分含量较高，这些食品应该与蔬菜或水果搭配使用。选择面包时，尽量关注砂糖和脂肪含量较低的食品，尤其是加工食品，妈妈们更要注意观察砂糖的含量。麦片、面包、饼干等加工食品肯定会添加砂糖或人工调味品，尽量挑选砂糖含量最低的食品。有时候，仔细看无砂糖的产品成分图，即使我们就会发现液体果糖、高果糖、结晶果糖等成分，这些成分也是相同于砂糖的单纯糖，妈妈应该从选择列表中删除这一类食品。

＊＊＊＊摄取足够的膳食纤维很重要 食物纤维是未消化的碳水化合物，它一般存在于初加工的谷物、新鲜的水果和蔬菜中。食物纤维能有效预防肥胖、成人病，妈妈们要记得为孩子提供这些对身体有益的食品。蔬菜、水果还有糙米等未碾磨的完整谷物都富含食物纤维。

如何选择市面上的面包&饼干

1. 培养确认成分图的习惯。
2. 应该选择以未捣精的全麦、糙米、大麦、小米等谷物为原料的产品。
3. 应该选择含有食物纤维的产品。
4. 禁忌选择含有反式脂肪的食品。
5. 应该选择砂糖含量最低的食品。

脂肪

脂类是油、脂肪、类脂的总称。食物中的油脂主要是油和脂肪，一般把常温下是液体的称作油，而把常温下是固体的称作脂肪。对于处在成长期的孩子来说，脂肪是排在碳水化合物后的第二大营养素，是重要的能量供给来源，而且它还是制作胆固醇、荷尔蒙、胆汁等营养素及构成人体的关键性营养素。但是，为了身体健康，需要注意控制脂肪的摄入量。孩子满12个月前，将脂肪摄取量维持在总摄取量的50%～55%左右；在孩子满24个月后，就要开始慢慢减少脂肪的摄取量；孩子满5～6岁时，脂肪含量就应维持在成人摄取量的30%。

＊饱和脂肪酸和反式脂肪酸 肉类、乳制品和动物油中含有较多的饱和脂肪酸，食用过多了容易造成血液中的胆固醇含量过高、诱发心脑血管疾病。反式脂肪的毒害远胜过饱和脂肪，它是在液体油转换为固体状动物油的过程中产生的。反式脂肪酸广泛分布于人造奶油、起酥油、煎炸油、色拉油中，并被运用到面包、饼干等食品中。摄入过多反式脂肪酸会使血浆中低密度脂蛋白胆固粗上升，高密度脂蛋白胆固粗下降，增加患冠心病等的危险，还会增加血液粘稠度，甚至会导致血栓形成、动脉硬化、大脑功能衰退等。其代表性食品是人造黄油，人造黄油是将植物油加工为黄油状的食品。此外，添加酥油和人造黄油制作的甜甜圈、油酥点心等面包类、饼干、炸食等食品都富含反式脂肪，孩子们爱吃的点心都含有较多的反式脂肪。我们可以在饼干或面包的成分图中发现硬化油，它就是反式脂肪的代词。因此，少吃或不吃饼干、炸食类食品最有益于身体。

＊＊优选不饱和脂肪酸 与饱和脂肪酸相对的就是不饱和脂肪酸，可分为单不饱和脂肪酸与多不饱和脂肪酸。食物脂肪中的单不饱和脂肪酸有油酸，单不饱和脂肪有益于心脏，它们多藏于菜籽油、花生油、橄榄油中。多不饱和脂肪酸有亚油酸、亚麻酸、花生四烯酸等。人体不能合成亚油酸和亚麻酸，但又是维持细胞成长和构成人体所需的脂肪，必须从膳食中补充。母乳富含多不饱和脂肪，其实奶粉中也含有多不饱和脂肪，不过一旦孩子开始接触固体状食品，就必须从食品中吸收该营养素。玉米油、豆油、青花鱼、秋刀鱼、鲔鱼、鲑鱼等背部呈蓝色的海鲜，未捣精的谷物、嫩芽等食品，都含有丰富的多不饱和脂肪。

＊＊＊不能完全限制脂肪的摄入 脂肪的能量高，就算摄取同量的营养素，它也比蛋白质或碳水化合物高出2倍以上的热量，因此人体吸收同量食品时，高脂肪食品的热量比低脂肪食品的热量多得多。如果人体吸收了过多的脂肪，那么剩余的脂肪不会转化为能量，而是直接堆积到脂肪组织，成为肥胖的直接原因。如果孩子存在肥胖隐忧，就应该减少脂肪的摄取量，限制高脂肪食品。但是，这并不代表就完全拒绝脂肪的摄入，否则只会促使孩子追求富含糖分的高热量点心，从而导致反效果，妈妈们一定要掌握分寸。妈妈们要拿捏饮食的热量和每次的使用量。但与其无条件地喂孩子吃低脂肪食品，不如重视调整每次的使用量。低脂肪食品不一定全都是低热量食品，营养含量也没有那么丰富，其脂肪含量少，但是那个空缺都被砂糖占据了，反而会增加热量。

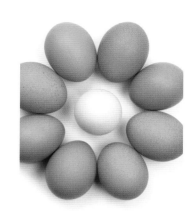

蛋白质

　　蛋白质是生命的物质基础，是有机大分子，是构成细胞的基本有机物，是生命活动的主要承担者。没有蛋白质就没有生命，它是与生命及与各种形式的生命活动紧密联系在一起的物质，机体中的每一个细胞和所有重要组成部分都需要有蛋白质的参与。而人体无法储藏蛋白质，只有通过外来食品不断吸收蛋白质，孩子才能茁壮成长。但是摄取大量蛋白质不一定代表良好的成长状态，过度的吸收反而会为肾脏带来负担，将蛋白质摄取量维持在一天营养总摄取量的20％左右最适合。

＊成长发育必需蛋白质　优质蛋白质中的氨基酸利用率高，各种氨基酸的比例复合人体蛋白质氨基酸的比例，容易被人体消化吸收，动物性食品如鸡蛋、牛奶、肉类、海鲜等食品的消化吸收程度为95％，属于优质蛋白质。纵然，动物性蛋白质也含有对身体有害的饱和脂肪，如果为了抵制饱和脂肪而放弃动物性蛋白质，不得不说是选择了一条阻碍孩子成长的道路。

＊＊牛肉和猪肉是孩子满3岁前的优质蛋白质来源牛肉和猪肉含有丰富的铁和锌，妈妈们可以选择没有脂肪的部位，在数量上满足孩子的需求。鸡肉和海鲜的饱和脂肪含量低于牛肉和猪肉，其蛋白质含量却很丰富，是优质的蛋白质食物来源。但是，胖嘟嘟的孩子在满24个月后，就应该食用无脂肪或低脂肪牛奶。乳制品中的低脂肪酸奶、起司都是不错的选择。在购买肉类时，排除五花肉、熏肉、鸡肉皮等脂肪高的部位，牛肉也应该选择无脂肪的瘦肉。

＊＊＊植物蛋白质也是不错的选择　富含植物蛋白质的坚果类和豆类可以作为百变的料理食材或点心，用于增加不饱和脂肪酸的摄取量。但是市面上利用豆类加工而成的豆奶、油炸豆腐等食品中的精盐和砂糖含量都比较高，应尽量避免孩子接触该类食品。

维生素

　　维生素是一系列有机化合物的统称，是生物体所需的微量营养成分，一般又无法由生物体自行产生，需要通过饮食等手段获得。维生素分为脂溶性维生素（维生素A、维生素D、维生素E、维生素K）和水溶性维生素（维生素C、维生素B_1、维生素B_2、维生素B_3、维生素B_5、维生素B_6、维生素B_{12}等）。

*维生素A 它抗干眼病维生素，又称为美容维生素，脂溶性维生素。还能促进铁的吸收。牛肝、海鲜的肝油、鸡蛋、乳制品、橘黄色蔬菜和水果（例如胡萝卜、嫩南瓜、地瓜、香蕉、柳丁、小番茄、苹果、杏仁），以及颜色深且叶子茂盛的绿叶蔬菜（菠菜、西芹、荠菜）等都富含维生素A。

*β-胡萝卜素 β-胡萝卜素在人体内会转换为维生素A，有效阻止引发癌症的活性氧和有害氧的滋生，而且具有抗氧化作用。胡萝卜、嫩南瓜、地瓜等食品富含β-胡萝卜素。

*维生素B_1 硫胺素，又称为抗脚气病因子、抗神经炎因子等，水溶性维生素。它的缺失会引起大脑机能下降，从而导致记忆力和思考力的减退。大豆、猪肉、绿黄色蔬菜、胚芽等食品含有丰富的维生素B_1。

*维生素B_2 能量的产生需要它的参与，体内缺失维生素B_2就会患上皮肤炎或口角炎。乳制品、牛肝、蛋白中含有丰富的维生素B_2。

*烟酸 烟酸是一种维生素B的复合体，它参与碳水化合物和脂肪的代谢，具有缓解压力的效果。西兰花、起司、鸡蛋、海鲜、牛奶等食品富含烟酸。

*维生素B_5（泛酸） 维生素B_5也是一种维生素B复合体，能有效解除慢性疲劳和压力。马铃薯、鲔鱼、菌菇类、鸡蛋、绿色蔬菜、鸡肉、豆奶等食品中富含维生素B_5。

*维生素B_6 它参与体内脂肪和蛋白质的代谢，是小儿体内最易缺乏的一种维生素B群。肉类、鸡蛋、未捣精的谷物、香蕉、西瓜、樱桃干、蔬菜等食品富含维生素B_6。

*叶酸 叶酸是维生素B的一种复合体，人体在合成新的细胞DNA时，需要它的参与。深色的绿叶蔬菜、全麦、糙米、豆类、橙汁都富含叶酸。

*维生素B_{12} 它可以制造新细胞，有助于预防贫血。肉类、海鲜、牛奶、起司、鸡蛋等食品都富含维生素B_{12}。

*维生素C 抗坏血酸，水溶性维生素，它是强效的抗氧化剂，能有效强化人体免疫力。橘子、西兰花、甜椒、番茄、包菜、草莓都富含维生素C。

*维生素D 食品中几乎不见它的踪影，晒到太阳后会在皮肤中自动合成。维生素D有助于吸收钙和磷，钙和磷是制造骨骼所需的营养素。外出时间较少的婴儿可能会缺乏维生素D，因此让孩子多出去晒晒太阳有助于成长。

*维生素E 它是一种抗氧化剂，具有守护人体细胞的作用。植物油、麦胚芽、坚果类、绿色蔬菜都富含维生素E。

*维生素K 它参与凝固血液的过程，菠菜等绿叶蔬菜中含有丰富的维生素K。

无机盐

　　无机盐在细胞中的含量虽不多，但确实是生命活动所必需的，很多无机盐在细胞中呈游离状态存在。它具有为血液、组织、细胞等要素维持适合的pH值而产生调节酸碱度的作用。它是骨头和牙齿发育所需的营养素，同时还参与制造关节或皮肤等连接组织的过程。

＊钙质 钙是骨骼、牙齿的重要组成部分，在孩子的成长发育过程扮演着重要的作用。20岁前后，钙质在骨头中堆积的数量达到巅峰，其影响力可能会波及到老年期的健康状况。缺钙可导致骨软化病、骨质疏松症等，也可导致抽搐症状。含钙量较高的食品有乳制品、深色的绿色蔬菜、豆类、豆腐、豆奶等。而牛奶不仅富含钙质，而且容易吸收，是钙质供给源的首选材料。1杯牛奶就含有200～300毫克的钙质。如果是幼儿，一天喝2杯牛奶就可以摄取充足的钙质。如果孩子喝的牛奶较少，就用起司、酸奶等富含钙质的乳制品进行补充。

＊铁质 铁是人体内含量最多的微量元素，在红细胞中将氧气搬运到细胞和组织中的成分叫做血色素，即血红蛋白，铁质就具有制造血色素的作用。缺铁会导致缺铁性贫血、免疫力下降。处于离乳期的孩子应该多吃富含铁质的食品，如果铁量不足，就会降低认知能力的发育速度。最易吸收的铁质含在红色肉类里，其最具代表性的食品就是牛肉。维生素C有助于铁质的吸收，同时喂孩子吃富含铁质和维生素C的食品当然是最明智的选择了。铁质不仅含在肉类里，鱼贝类、豆类、豆腐、深色的绿色蔬菜、水果干等食品都是良好的供给来源。

＊锌 锌具有促进生长发育的作用，如果体内缺锌，包括婴儿在内的小儿，都会表现出成长速度迟缓的现象，当程度加深时，可能会导致腹泻、食欲减退、轻微性肝炎、认知发育障碍等。锌元素在人体内制造DNA和蛋白质，是构成多种免疫系统的成分，但是过多的摄取则会妨碍铁质的吸收。母乳和奶粉含有丰富的锌，喂孩子喝母乳时，就不会出现锌含量不足的问题，但是当孩子成长到断乳食阶段时，就应该多提供富含锌的食品。红色肉类、未捣精的谷物、坚果类、豆类等食品都富含锌元素。

＊磷 它是合成DNA所需的元素，肉类、乳制品、豌豆、鸡蛋、麦片等食品都富含磷元素。

＊钾 它有助于排除体内的钠元素，地瓜、豆类、酪梨、番茄、昆布等食品都富含钾元素。

＊硒 它具有抗氧化作用，并能强化免疫力，有抗病毒和防癌的作用。牡蛎、鲔鱼都富含硒元素。

10大营养素的1日适宜摄取量
*月龄12～24个月（1000千卡）

摄取基准	含量较多的食品	建议摄取量
碳水化合物	米饭、面包、马铃薯	125克
蛋白质	白肉海鲜、牛肉、豆腐	15克
脂肪	秋刀鱼、芝麻、芝麻油、黄油	22.3克
维生素A	胡萝卜、南瓜、牛肝	300微克
维生素C	西兰花、白菜、橘子	40毫克
维生素D	香菇、鳀鱼、猪肉	
维生素E	松仁、核桃、蛋黄	
钙质	昆布、牛奶、鳀鱼	500毫克
磷	虾子、鲔鱼、蟹肉	500毫克
铁质	红色肉类、菠菜、牡蛎	7毫克

★碳水化合物、脂肪等营养素是以适当的能量比例进行分配的，因此它们的摄取量就是推定值。

满周岁前的孩子
必须吃的食品

谷物类

首次制作断乳食时，就准备大米糊，使用未添加其他
东西的白米或大米粉煮米糊，喂孩子吃一段时间，等
孩子熟悉大米糊的味道后，可换用糯米。如果孩子未
出现腹泻等症状，表现出良好的适应状态时，再添加
蔬菜、水果、海鲜、肉类等新材料。
推荐食品：粳米、糯米。

肉类

满6个月的孩子，就应该提供富含大量蛋白质、铁质
的肉类。尤其是牛肉，它富含蛋白质和铁质，挑选瘦
肉炖汤，可以先从肉汤开始，逐渐地将牛肉切成碎
末，连汤带肉一起喂。不仅是牛肉，鸡肉也是不错的
选择，同样地，也是要挑选瘦肉来喂食来孩子。鸡肉
比牛肉更易消化。脂肪含量高的猪肉应该在孩子满12
个月后，再喂食比较好。
推荐食品：牛肉、鸡肉、鸡蛋（易引起过敏，故蛋黄
在孩子满6个月后、蛋白在满12个月后开始使用）。

海鲜类

海鲜中的不饱和脂肪酸较多，且质感比肉类柔嫩，易消化，适合
孩子食用。在孩子满6个月后，开始提供比目鱼、鳕鱼、明太鱼等
白肉海鲜；到孩子满12个月后，提供有益于大脑发育、富含DHA
的秋刀鱼、马鲛鱼、青花鱼等背部呈蓝色的海鲜。
推荐食品：比目鱼、鳕鱼、明太鱼、鲷鱼、秋刀鱼、土魠鱼、青
花鱼。

蔬菜类＆水果类

蔬菜和水果富含维生素和无机质，在断乳食初期就一定要开始
使用，不仅可以强化免疫力、促进健康，而且还可以让孩子接
触各式各样的食品，培养正确的饮食习惯，这一点非常重要。
推荐食品：蔬菜类：马铃薯、嫩南瓜、胡萝卜、萝卜、西兰
花、包菜、菠菜、丝瓜、黄瓜。菌菇类。水果类：香蕉、苹
果、梨子。

需要忌讳的食品

杂谷类
糙米和杂谷类都含有丰富的食物纤维，不易消化。糙米在孩子满周岁后食用，杂谷类则在孩子满两岁前后再食用，这是最佳食用时间。

鲜奶
在孩子满周岁前，不宜喂鲜奶，它有可能引起过敏和贫血。

白面粉

白面粉容易引起过敏，尽量推迟使用时间。以白面为原料的素食面、乌龙面、面包等食品都应排除于列表内。

盐和酱油

盐、酱油等调味料都应该尽量推迟使用，即使孩子满两岁，也要最大限度地减少盐和酱油的使用量。在孩子满两周岁前，也应该偶尔食用以鳀鱼和昆布熬制的汤，妈妈们可以掌握限制使用的程度。

花生和坚果类
食用花生后，导致窒息的危险性高，在孩子满两岁后再食用，以保证安全。松仁、核桃、杏仁等坚果类也有可能导致过敏，建议在孩子满两岁后再食用。

速食食品

罐头、瓶装速食、速食食品、火腿、香肠等加工食品都含有各种化学添加剂，盐分和糖分含量高，尽量避免使用。番茄酱或沙拉酱也同属禁忌产品。

蜂蜜

蜂蜜含有一种称为肉毒杆菌的细菌，若是在孩子满周岁前提供，有可能引发肠炎或食物中毒，重则导致麻痹症。在孩子满周岁前，绝对不可食用。

砂糖和糖浆

砂糖、糖浆等甜味调味料均不宜在孩子满两岁前食用，即使孩子满两岁了，也不宜在食品中添加该调味料。甜味也和咸味一样，都应该尽量推迟使用时间。

断乳食材的最佳摄取时期

蔬菜&水果

它们是含有维生素的食材，维生素具有调整身体状态的作用，适合与富含糖质、蛋白质的食品一起搭配使用，从而展示营养均衡的食谱。断乳食的各个阶段没有规定的时间范围，在此表示的断乳食时期和阶段，不一定适用于所有的孩子，不同的孩子存在不同的差距，妈妈们应该留意这个问题。

菌菇类

中期以后，可以喂孩子吃香菇等菌菇类，刚开始时，应该准备洋菇的菌盖等柔嫩的部位。

初期 中期 后期 完成期
× △ ○ ○

白萝卜、芜菁

用开水烫一次就会出现甜味，我推荐初期就开始食用。它的皮比较硬，削除厚皮后再开始使用。

初期 中期 后期 完成期
△ ○ ○ ○

嫩南瓜、丝瓜

煮熟后甜味会增加，是孩子们喜欢吃的蔬菜。煮熟后捣碎或是用筛子过滤，初期就可以使用。但前提是，到完成期为止都需要削皮。

初期 中期 后期 完成期
△ ○ ○ ○

西红柿

在断乳食后期，开始使用。由于果皮较硬，到了完成期也有孩子对他说"不"，建议去皮、去籽后再使用。偶尔会有孩子对它过敏，妈妈们要注意观察。

初期 中期 后期 完成期
× × △ ○

胡萝卜

用开水烫一烫，它就会变得柔嫩香甜，适用于制作断乳食。胡萝卜富含的果胶成分能有效预防腹泻症状。营养成分躲在胡萝卜皮附近，因此使用时要削薄皮。

初期 中期 后期 完成期
△ ○ ○ ○

菠菜

到后期为止，使用去茎的菠菜叶。菠菜的苦味比较浓，因此开水烫一次后再用冷水清洗。菠菜是富含铁质的食品，后期以后可以经常让菠菜陪伴孩子左右。

初期 中期 后期 完成期
△ ○ ○ ○

包菜

包菜的苦味少，一年四季都不会断货，因此更适用于制作断乳食。挑选菜心以外柔嫩的叶子烫一烫后使用，初期就应该捣碎后加点水喂孩子吃。

初期 中期 后期 完成期
△ ○ ○ ○

西兰花、花菜

在断乳食中添加西兰花时，应去除菜心，取其软嫩的花蕾使用，菜心部分应该根据不同的时期，烫一烫后再切成米粒大小或捣磨后使用。

初期 中期 后期 完成期
△ ○ ○ ○

莴苣

成人喜欢吃生的莴苣，但是在离乳期开始使用时，必须煮熟。用开水烫一烫，莴苣就会变得软嫩，适宜孩子食用。去除菜心，取其嫩叶使用。

初期 中期 后期 完成期
△ ○ ○ ○

甜椒、大辣椒

大辣椒比甜椒更柔嫩，甜味也更浓郁，中期就可以开始使用。用于制作断乳食时，切成细丝烫一烫后使用，如此一来，菜色亮丽，营养也更加丰富。

初期 中期 后期 完成期
× △ ○ ○

嫩芽

嫩芽的维生素或矿物质含量比成熟的蔬菜多出3～4倍。若是在完成期以前使用，嫩芽会给孩子带来刺激性。因此，应在可以吃消生嫩芽的完成期以后再开始使用。

初期 中期 后期 完成期
× × × △

葱
煮熟后的葱会产生甜味，是一种香辛蔬菜，后期便可开始使用。如果孩子不喜欢葱，就不必勉强喂孩子吃。用开水烫一烫，消除辣味后，再切碎使用。

初期 中期 后期 完成期
× × △ △

茄子	豆芽	菠萝	牛蒡、莲藕	上海青

茄子煮熟后还是会留有微微的苦味，初期就不用勉强喂孩子。在中期以后，削皮后煮或烤，用于制作断乳食。

制作断乳食时，与其使用有嚼劲的黄豆芽，不如使用光滑、香甜的绿豆芽。只要清理干净根毛，整体呈现柔嫩的感觉，后期就可开始使用。

菠萝是甜味较浓的水果，不宜在初期、中期使用。后期，可以用清水洗净，与其他食品一起制作断乳食，切成适合孩子食用的大小。

牛蒡和莲藕经过烹调后，依然比较硬实，切成片后煮熟，让其变得柔嫩是烹调的关键。莲藕的最佳烹调方法是捣磨。

上海青的大部分成分是水，其中含有钙、钾、β-胡萝卜素、维生素C等营养素，是合适的断乳食材料。它的茎部较硬，用开水烫一烫后捣碎，在后期开始使用。

初期	中期	后期	完成期
×	△		

初期	中期	后期	完成期
×		△	

初期	中期	后期	完成期
×	×	△	

初期	中期	后期	完成期
×	×	△	

初期	中期	后期	完成期
×	×	△	

酪梨	苹果	哈密瓜	草莓	香蕉

酪梨虽含有营养成分，但是脂肪含量比较高，并不适合制作断乳食。用开水烫一烫，捣磨后在完成期使用。

用于制作断乳食的代表性水果就是苹果，初期开始就可以开始使用。搅拌或是烫一烫再捣碎，做法也不拘一格。它具有调节肠子机能的效果，有益于腹泻和便秘。

它不仅柔软香甜，而且易捣碎，初期就可以跟孩子进行亲密接触。后期以后，直接切成适合的大小喂孩子吃。

购买时，挑选深红色、全熟的草莓。中期，用筛子过滤后再食用。它的维生素C含量丰富，但是要记住不宜过量食用。

香蕉的糖分含量高，适合代替主食来使用。虽然初期就可以使用，但是偶尔也有引起过敏的现象，可以由少到多，慢慢让孩子食用。

初期	中期	后期	完成期
×	×	×	△

初期	中期	后期	完成期
○	○	○	○

初期	中期	后期	完成期
△	△	○	

初期	中期	后期	完成期
×	×	△	○

初期	中期	后期	完成期
△	○	○	○

橘子	奇异果	梨子	黄瓜	韭菜

有些孩子可能会不喜欢橘子或柳丁的酸味，可以与原味酸奶搭配使用，孩子会更容易适应橘子的味道。橘子有益于治疗便秘，喂孩子吃时应该剥掉里面的薄皮。

全熟后散发甜味的奇异果可以在中期亮相，但是未熟的奇异果由于酸味较重，可能会引起孩子的反感，如果孩子因为酸味或籽而表现出反感时，妈妈们不宜操之过急，建议逐渐增加使用量。

梨子的水分极其丰富，且糖分和脂肪含量少。梨子富含消化酶，益于肠胃不好的孩子，加上味道微甜，容易有胃口大开的效果。初期可煮熟，后期开始就直接切块喂孩子吃。

捣磨后，取其菜汁一起使用，且使用过程中必须削皮。中期就可开始使用。

韭菜较硬，味道也浓，带有微辣的味道，孩子一般都不会欣然接受。在孩子满周岁后，可以取少量进行尝试。

初期	中期	后期	完成期
×	△	○	○

初期	中期	后期	完成期
×	△	△	△

初期	中期	后期	完成期
△	○	○	

初期	中期	后期	完成期
×	△	○	○

初期	中期	后期	完成期
×	×	△	

谷物类

碳水化合物是热量和力量的源泉，这一源泉就储存在谷物里。代表性谷物有大米和面包等谷物及面条类、富含淀粉的马铃薯等食品。刚开始，可以用马铃薯粥或浓汤进行尝试，根据孩子的状态，使用各式各样的烹调方法制作断乳食。

大米

初期，就可以无限地发挥它作为断乳食的魅力。从10倍粥开始着手，逐渐调整粥的浓度。从完成期后期开始，就可以提供黏稠的米饭了。

初期 中期 后期 完成期
○　○　○　○

面包

面包的主要成分是面粉，但是面粉有可能引起过敏症，建议在后期末再使用。刚开始使用时，挑选面包中柔软的部分，制作成面包粥的形态。

初期 中期 后期 完成期
×　×　△　○

乌龙面

孩子满12个月后，就是乌龙面派上用场之时。乌龙面要煮得软嫩，煮熟后切成小段。有一个小窍门指引妈妈走向方便之路，就是提前切成小段后再煮。

初期 中期 后期 完成期
×　×　△　○

意大利面

在断乳食后期接近尾声时，就可以开始喂食煮熟的意大利面。意大利面相当有弹性，因此更要加长煮面的时间，待面煮熟后切成小段。

初期 中期 后期 完成期
×　×　△　○

日式蛋糕

蛋糕入口即化，作为孩子们的点心或断乳食再合适不过了。但是它的鸡蛋和砂糖含量较高，建议在孩子满2岁后再使用。

初期 中期 后期 完成期
×　×　×　△

糙米

糙米、杂谷等食品的营养含量丰富，但是比大米粗糙，不宜喂孩子吃。即使是用来熬粥，也要碾碎，因其颗粒硕大，不宜成为制作断乳食的材料。

初期 中期 后期 完成期
×　×　×　△

素食面、冷面

对于断乳食来说，准备成人食品时的煮面时间远远不够，制作断乳食时必须达到柔嫩易嚼的效果。素食面、冷面都含有盐分，煮熟后必须用清水冲洗。制作时，先切段，再用开水烫一烫，孩子吃起来更方便。

初期 中期 后期 完成期
×　×　△　○

地瓜

地瓜富含淀粉、维生素C，对预防便秘具有良好的效果。它易捣碎，也受孩子欢迎，断乳食初期就可以开始使用。

初期 中期 后期 完成期
△　○　○　○

马铃薯

马铃薯不仅口感柔嫩，还富含维生素A、C等营养素。不仅是良好的断乳食材料，蒸熟后还是点心的不二选择。

初期 中期 后期 完成期
△　○　○　○

山药

山药捣磨后看似食用方便，但是它作为生食不宜投入到断乳食当中。中期以后，经过烤熟或是煮熟的过程，可以喂孩子吃。

初期 中期 后期 完成期
×　×　△　○

玉米

玉米含有独特的甜味，深受孩子的欢迎，但玉米皮不易消化，请注意这一缺点。制作断乳食时，可以挑选几粒皮较软的玉米。

初期 中期 后期 完成期
×　×　△　○

糕

糕类有可能被黏在孩子的喉咙里，引发窒息的危险，离乳期不宜与孩子接触。白雪糕等食品在完成期就可以缓慢登场，黏稠的豆米糕等食品建议在孩子满3岁后再使用。

初期 中期 后期 完成期
×　×　×　△

鸡蛋、肉类、海鲜类

它们富含蛋白质，能制造人体的血和肉。它们有可能引发过敏症，因此要一边观察孩子的症状，一边调整供应量。与蔬菜、马铃薯类搭配使用，孩子会更喜欢，而且有益于提供均衡的营养。

鸡蛋

蛋白易引起过敏，到中期为止不宜出现在孩子的餐桌上。到了中期，就准备全熟的蛋黄，记得只取蛋黄喂孩子，若无任何异常，即可慢慢增加使用量，到了周岁就可以尝试使用蛋白了。

初期 中期 后期 完成期
× △ △ ○

鸡肉

中期就可以开始使用，建议挑选脂肪含量低的鸡胸肉或鸡柳。可用剪刀剪成小块，适合孩子食用。

初期 中期 后期 完成期
× ○ ○ ○

牛肉

在孩子满6个月后才可以接触牛肉，建议挑选脂肪含量低的牛里脊肉、牛柳或牛腿骨肉，去除脂肪的瘦肉是最佳的选择。牛肉富含铁和锌，一定要让孩子多吃。

初期 中期 后期 完成期
△ ○ ○ ○

猪肉

挑选脂肪含量低的里脊肉或腿骨肉，切碎后再使用。猪肉富含维生素B群，具有活化脑神经的作用。待孩子熟悉了切碎后的肉，就可以开始切薄片进行烹调。

初期 中期 后期 完成期
× × △ ○

白肉海鲜

鳕鱼、鲷鱼、鲈鱼、比目鱼等白肉海鲜中的脂肪含量低，含有大量蛋白质，煮熟后容易捣碎，中期开始就可喂孩子吃。

初期 中期 后期 完成期
△ ○ ○ ○

红肉海鲜

鲑鱼、鲔鱼等红肉海鲜比白肉海鲜含有更多脂肪，且水分含量低，不宜喂孩子吃。因此，建议在孩子熟悉白肉海鲜后，再尝试使用红肉海鲜。

初期 中期 后期 完成期
× × △ ○

背部呈蓝色的海鲜

青花鱼、秋刀鱼、沙丁鱼等背部呈蓝色的海鲜也要在孩子熟悉白肉海鲜后登场。它们富含必需脂肪酸，但是偶尔会引起过敏，请留意这一点。

初期 中期 后期 完成期
× × × △

鳀鱼干

鳀鱼干富含钙质，但盐分含量过多，须用清水冲洗数次。在孩子满周岁后，可熬成鳀鱼汤，在烹调时也可作为一种调味料。

初期 中期 后期 完成期
× × △ △

小虾

小虾的盐分含量高，且有可能引起过敏，为了安全起见，在孩子满周岁后再使用。干虾可放在水里熬煮成汤，而鲜虾可切成小块状充分煮熟。

初期 中期 后期 完成期
× × × △

螃蟹

它具有引起过敏的可能性，建议在孩子满周岁后以少量开始尝试。购买时，挑选新鲜的螃蟹，取其嫩肉直接喂孩子吃或熬成汤使用。

初期 中期 后期 完成期
× × × △

贝类

与螃蟹、鲜虾一样，贝类也容易引起过敏，同属周岁后亮相的食品。用于熬汤或捣碎使用。

初期 中期 后期 完成期
× × × △

豆类&海藻类及其以外的食材

豆类富含植物蛋白质，而且是含有钙质、食物纤维的高营养食品。但是，有极少的豆类仍然会引发过敏症，妈妈们需要注意观察孩子的反应。断乳食期，应该让孩子接触各种的食材，以体验不同的味道。

豆腐

用豆腐制作断乳食相当合适，既柔嫩又易碎，但是不宜喂孩子吃生豆腐，必须在进行烹调后再喂给孩子吃。

初期 中期 后期 完成期
× ○ ○ ○

豆奶

建议妈妈用儿童豆奶代替牛奶来进行烹调。少数孩子会对豆类过敏，妈妈就需要注意观察。

初期 中期 后期 完成期
× ○ △ ○

坚果类

坚果类富含促进大脑发育的不饱和脂肪酸等营养素，但是食量过多会导致腹泻，需要注意调整食量。它有可能会引发过敏症，建议在孩子满周岁后开始食用。

初期 中期 后期 完成期
× × × △

油炸豆腐

典型的油炸食品，烹调前应该先放在热水中氽烫，清除油脂后再开始使用，建议在后期开始使用。

初期 中期 后期 完成期
× × × △

豌豆

剥皮后煮熟，在初期使用时，必须均匀地捣碎后再提供。蚕豆、毛豆等罐装食品也可以在中期开始使用。

初期 中期 后期 完成期
× △ ○ ○

萝卜干

萝卜干的食物纤维含量高，到了中期还是应该限制使用。孩子满周岁后，切丝煮熟或熬汤使用，它具有预防便秘的功效。

初期 中期 后期 完成期
× × △ ○

干香菇

干香菇中的纤维质含量高，孩子不易咀嚼，而且香味浓重，不宜放到断乳食中，汤水适宜作为调味料。由于香味浓郁，用开水稍微煮一会儿即可出锅。

初期 中期 后期 完成期
× × △ ○

紫菜

如果只是选择少量作为调味料，可以在中期开始小心使用。烹调前，洗净异物，切碎后再使用。

初期 中期 后期 完成期
× × △ ○

烤海苔

孩子无法自己撕开，妈妈应将它撕成碎末混在粥里，海苔变柔软后再关火。即使到了完成期，也不宜使用盐分含量较高的调味海苔，尽量挑选盐分含量低的海苔。

初期 中期 后期 完成期
× △ ○ ○

昆布

昆布的盐分含量很高，建议在孩子满两岁后再开始使用。把昆布熬成汤，将其汤水作为调味料，为汤、羹等汤类料理增添鲜味。

初期 中期 后期 完成期
× × △ ○

海带芽

海带芽富含钙、碘以及铁等营养素，中期就可以开始使用。它可能会卡在孩子的喉咙里，必须要捣碎使用。

初期 中期 后期 完成期
× △ ○ ○

芝麻

黑芝麻、白芝麻等食品也有可能会引发过敏症，妈妈们需要注意观察。中期使用时，搅拌成粉末状作为调味料，后期开始无需搅拌，可以直接食用。

初期 中期 后期 完成期
× △ ○ ○

乳制品

牛奶含有蛋白质、脂肪、糖分、维生素、钙质等丰富的营养素。乳制品虽能提供充足的钙质，但是其脂肪含量高，根据孩子的月龄，取适量进行提供。

牛奶

牛奶用于制作汤类、白酱、面包粥等食品时，需要加热，建议在孩子满周岁后使用。牛奶有可能引发过敏症，妈妈要注意观察。

初期 中期 后期 完成期
× × × △

起司片

起司富含蛋白质、钙等成长所需的重要营养素，但是起司中的盐分含量过高，建议挑选儿童起司，后期以后开始使用。

初期 中期 后期 完成期
× × △ ○

原味优酪	奶油起司	起酥油	乳酸菌饮料	奶油

原味优酪
中期开始，喂孩子吃未加糖的原味优酪。与水果或蔬菜混合使用，更容易让孩子接受，而且有益于便秘。不宜购买含有砂糖或果糖的酸奶。

初期 中期 后期 完成期
× × △ ○

奶油起司
奶油起司适宜在孩子满两岁后开始提供，但前提条件是挑选盐分含量低的食品。为孩子提供前，先加热制造柔嫩的口感或先融化再使用。到了完成期，就可以抹在面包上喂孩子吃。

初期 中期 后期 完成期
× × × △

起酥油
起酥油是高脂肪食品，孩子食用后容易腹泻，不宜用于制作断乳食。其乳脂肪和糖分含量过高，会为孩子的肠胃带来负担。

初期 中期 后期 完成期
× × × ×

乳酸菌饮料
乳酸菌饮料的甜味浓重，有些还含有乳脂肪，不宜用于制作断乳食。它还有可能埋下蛀牙的隐忧，因此适宜在孩子可以刷牙的3～4岁才开始提供。

初期 中期 后期 完成期
× × × ×

奶油
到了完成期，就可以喂孩子吃奶油。挑选盐分含量低的奶油，可以涂在面包上，也可以加热制成柔嫩的口感，也可以在融化后提供。

初期 中期 后期 完成期
× × × △

调味料

离乳期的关键是为孩子提供食材本身固有的原汁原味。在烹调的过程中，尽量不要添加调味料或香辛料等辅助材料，尤其是咸味和甜味，最大限度地推迟这两种味道与孩子见面的时间。当然，不使用是最为直截了当的方法。

奶油、人造奶油	大蒜

奶油、人造奶油
奶油和人造奶油含有饱和脂肪，有害于人体健康。离乳期结束后，也尽量让它们远离孩子。

初期 中期 后期 完成期
× × × △

大蒜
大蒜富含蛋白质和维生素B、C，它的味道和香气是无人不知无人不晓的。孩子满两岁后，可取适量作为调味料。

初期 中期 后期 完成期
× × × △

酱油	味噌	砂糖	沙拉酱	食用油

酱油
在孩子满两岁后，也尽量推迟咸味的使用时间。不仅是酱油，食用盐也不能偷偷溜进孩子的餐桌。

初期 中期 后期 完成期
× × × ×

味噌
味噌是有益于身体健康的发酵食品，但对于孩子来说，其盐分含量过高，建议在孩子满两岁后，偶尔使用几次。

初期 中期 后期 完成期
× × × ×

砂糖
砂糖的待遇与酱油和食用盐一样，因此还是要推迟使用时间。妈妈要防止砂糖乘虚而入，迷惑孩子的味觉和感觉。

初期 中期 后期 完成期
× × × ×

沙拉酱
在孩子满周岁之际，可以食用整个鸡蛋的时候，即可让沙拉酱登场。由于原料是鸡蛋，注意观察过敏与否。

初期 中期 后期 完成期
× × × △

食用油
在孩子满周岁左右，制作炒菜时可以采用食用油。食用油容易酸化，所以保存时，应避免光线直射。

初期 中期 后期 完成期
× × △ ○

橄榄油、葡萄籽油	蜂蜜	辣椒酱	咖喱粉	胡椒粉、芥末

橄榄油、葡萄籽油
它们富含维生素E和不饱和脂肪酸，后期开始就可以使用。

初期 中期 后期 完成期
× × △ ○

蜂蜜
蜂蜜的甜味非常吸引孩子，但它含有称为"肉毒杆菌"的细菌，有可能引发食品中毒，在孩子满周岁前，绝对禁止提供。

初期 中期 后期 完成期
× × × ×

辣椒酱
辣椒酱富含蛋白质、维生素B和维生素C、脂肪、胡萝卜素等良好的营养素，但是其辣味和咸味较重，将提供时间推迟到孩子满两岁后。

初期 中期 后期 完成期
× × × ×

咖喱粉
咖喱粉是一种香辛料，刺激性较强，在孩子满两岁后，可取少量使用。它是香辛料中孩子容易接受的一种味道。

初期 中期 后期 完成期
× × × △

胡椒粉、芥末
胡椒粉、山葵、芥末等香辛料的香味浓郁，刺激性较强，不宜用于制作断乳食。

初期 中期 后期 完成期
× × × ×

断乳食食用量和次数

	5~7 初期 months	**7~9** 中期 months	**10~12** 后期 months	**12~18** 周岁后的完成期 months
大米	●10克（3/4大匙） ●上午食用1次 	●15克（满满1大匙） ●上午、下午在喂母乳前食用2次 	●20克（3/2大匙） ●1日提供3次，点心就放到断乳食的中间点，上、下午分开，一共喂2次 	●25克（满满2大匙） ●1日提供3次，点心就放到断乳食的中间点，上、下午分开，一共喂2次
胡萝卜等硬实的蔬菜	●10克 ●上午提供1次。第一次建议提供1/4匙，随后逐渐增加食用量 	●15克 ●在1日2次的断乳食和母乳的中间点，食用1次 	●20克 ●在1日3次的餐点和2次的点心中，1次是作为餐点，另外一次是作为点心 	●25克 ●在1日3次的餐点和2次的点心中，作为餐点和点心，提供2~3次左右
菠菜	●10克 ●上午提供1次。第一次建议提供1/4匙，随后逐渐增加食用量	●15克 ●在1日2次的断乳食和母乳的中间点，食用1次	●20克 ●在1日3次的餐点和2次的点心中，食用1~2次左右 	●25克 ●在1日3次的餐点和2次的点心中，食用2次左右
苹果&梨	●10克 ●上午食用1次 	●15克 ●在1日2次的断乳食和母乳的中间点，食用1次 	●20克 ●在1日3次的餐点和2次的点心中，食用2次左右 	●25克 ●在1日3次的餐点和2次的点心中，作为餐点和点心，食用2~3次左右
牛肉&鸡肉	●10克 ●上午提供1次。第一次建议提供1/4匙，随后逐渐增加食用量 	●15克 ●在1日2次的断乳食中，食用1次 	●20克 ●在1日3次的餐点和2次的点心中，食用2次左右 	●25克 ●在1日3次的餐点和2次的点心中，食用2~3次左右
白肉海鲜	●10克 ●上午食用1次 	●15克 ●在1日2次的断乳食中，食用1次 	●20克 ●在1日3次的餐点和2次的点心中，食用1次左右 	●25克 ●在1日3次的餐点和2次的点心中，1次是作为餐点，另外一次是作为点心

断乳食材料的浓稠度

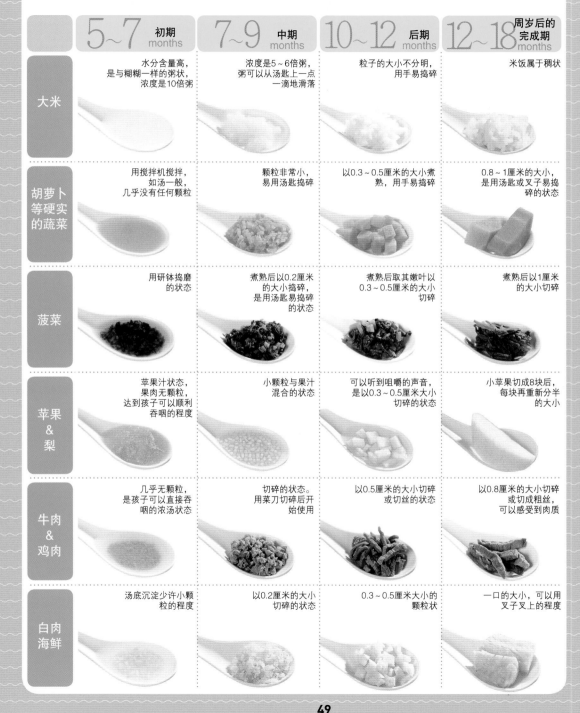

	5~7 初期 months	**7~9** 中期 months	**10~12** 后期 months	**12~18** 周岁后的完成期 months
大米	水分含量高，是与糊糊一样的粥状，浓度是10倍粥	浓度是5~6倍粥，粥可以从汤匙上一点一滴地滑落	粒子的大小不分明，用手易捣碎	米饭属于稠状
胡萝卜等硬实的蔬菜	用搅拌机搅拌，如汤一般，几乎没有任何颗粒	颗粒非常小，易用汤匙捣碎	以0.3~0.5厘米的大小煮熟，用手易捣碎	0.8~1厘米的大小，是用汤匙或叉子易捣碎的状态
菠菜	用研体捣磨的状态	煮熟后以0.2厘米的大小捣碎，是用汤匙易捣碎的状态	煮熟后取其嫩叶以0.3~0.5厘米的大小切碎	煮熟后以1厘米的大小切碎
苹果&梨	苹果汁状态，果肉无颗粒，达到孩子可以顺利吞咽的程度	小颗粒与果汁混合的状态	可以听到咀嚼的声音，是以0.3~0.5厘米大小切碎的状态	小苹果切成8块后，每块再重新分半的大小
牛肉&鸡肉	几乎无颗粒，是孩子可以直接吞咽的浓汤状态	切碎的状态。用菜刀切碎后开始使用	以0.5厘米的大小切碎或切丝的状态	以0.8厘米的大小切碎或切成粗丝，可以感受到肉质
白肉海鲜	汤底沉淀少许小颗粒的程度	以0.2厘米的大小切碎的状态	0.3~0.5厘米大小的颗粒状	一口的大小，可以用叉子叉上的程度

断乳食的烹调方式

根据不同的食品种类，采用搅拌、捣碎等针对性烹调法，就可以有效发挥利用，并减少营养素的流失。

剥皮

制作断乳食之前，首先要做的就是剥蔬菜皮，掌握好剥皮的要领，做起来一点都不累。

西红柿

去蒂后，在它的相反位置，用菜刀划出"+"字印，在开水中来回翻转几次，烫好后再剥皮，就会明白原来事情也可以这么简单。

嫩南瓜

用菜刀切成1/4左右的大小，用汤匙把南瓜籽刮出来，用削皮刀去皮。

磨、捣碎

在制作初期、中期的断乳食时，将材料煮熟后进行捣碎工作是基本的步骤，煮熟后当材料在发热时最易捣碎。当然，搅拌食材后再煮，也是一种有效的烹调法。

菠菜

菠菜用开水烫一烫，捞出来在冷水中清洗后，取其嫩叶切碎后用搅拌机搅拌。

胡萝卜

准备生胡萝卜，放在刨刀器上磨成泥。还有一个小窍门，用手抓住的胡萝卜头部，不用削皮。

香蕉

如同香蕉般柔嫩的食品，只要用叉子轻轻捣碎即可，轻松又方便。若使用汤匙，光滑的汤匙会让香蕉到处乱窜，何必增添麻烦呢！

马铃薯

马铃薯要煮烂，捞出后立刻放在菜板上进行工作，或者用汤匙大概捣碎一次，放在刨刀器上磨成马铃薯泥。

熬汤料

制作周岁后的断乳食时，与其用清水，不如用鳀鱼、昆布、鲣鱼脯、菌菇类等食品熬煮的汤，为孩子提供均衡的营养。

鳀鱼

在锅里放入3条汤类专用鳀鱼、1杯水后开启高火，待汤煮开后，捞出鳀鱼，注意味道不宜过咸。

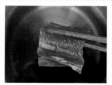

昆布

在锅里放入1片昆布（5×10厘米）、2杯水后慢慢熬煮半个小时左右，就算不煮这么长的时间，味道也会依然鲜美。

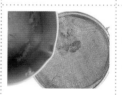

鲣鱼脯

在2杯昆布汤中，倒入2/3杯鲣鱼脯，煮4~5分钟后取其汤水开始使用。

干香菇

放入水里浸泡，待干香菇充分膨胀后，连汤带料一起使用。

烫、煮

断乳食材料要比大人吃的材料柔嫩才可以。必须要完全煮熟的时候，务必确认菜心、肉都彻底煮熟了。

菠菜

待水烧开后，先放茎部再放叶子部分烫一烫。等到完全软化就捞出来，用清水冲洗几次后使用。

肉类

去除油渍后，放到开水中煮，待肉彻底煮熟了，就捞出来捣碎或搅拌，炒一炒开始使用。

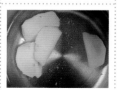

马铃薯

削皮后切片，在水里浸泡3分钟左右去除淀粉后再煮。用筷子戳一下，确认它是否煮熟。

白肉海鲜

用开水煮时，若起泡就用汤匙捞出来。待海鲜肉彻底煮熟了，就捞出来剥皮去刺。

断乳食材料的保存方法

制作断乳食时，一般采用少量材料，因此总会有余量，这时根据每种材料的特性进行保存，就可以维持材料的新鲜度和营养成分，长久享受其美味。下面让我们来了解如何新鲜保存断乳食的方法。

菠菜
在报纸上摊开后卷起来冷藏，或在开水中放些食盐后余烫后，再进行冷藏。

西红柿
用食品包装纸一个个包起来后放到封口袋里冷藏，或放到冷冻室里冷冻后再放到常温里，待它退冰后再使用。

地瓜
地瓜最忌讳的就是湿气和冷气，建议放到大篮子等通风效果好的容器中，盖上报纸置于常温环境下保存。

西兰花
用开水余烫后，放到冰箱里冷藏，就可以防止维生素的流失，而且可以长久保存使用。

黄瓜
放到戳开洞的塑胶袋中，密封袋口，放到冰箱的蔬菜保存箱里。

洋菇
在密封的容器中放入干毛巾以吸收水分，放置时让薯柄朝上，记得冷藏保存。

肉类
牛肉、鸡肉等肉类就按一次的使用量，一块一块的用塑胶袋包紧后放到冷冻室里保存。

海鲜
洗净后切块，撒点盐后用塑胶袋裹紧，放到冷冻室里保存。

海带芽
海带芽可装在夹链袋中放到干燥的地方保存。用水泡开的海带芽，就撒点盐，用塑胶袋包装好后冷藏保存。

泡开的大米
去除水渍后，放到塑胶袋里，冷冻保存。干大米就放在凉爽的地方保存。

芝麻
炒好的芝麻易氧化，因此需要时取适量清炒后使用。剩余的芝麻就放到瓶子里，冷藏保存。

豆
浸湿的豆容易发芽，应该装在塑胶袋中放到冷冻室里保存。干豆则放在凉爽的地方保存则可。

鸡蛋
放置时，让尖细的部分朝上，可提升鸡蛋的新鲜度。

豆腐
在容器中倒入冷水，水位要盖过豆腐，达到水位要求后冷藏保存。用水余烫后，可以保存4天以上的时间。

5~7 months

第一次喂孩子吃断乳食时，每天一次，每次喂一小匙，
由少量开始逐步增加喂食量，满6个月的孩子，
提供3~4大匙左右。
开始用1：10比例的大米和水制作米糊，
然后注意观察孩子适应情况和食量，
根据孩子的状况及时调整。

5～7个月的孩子应该……

● 孩子的脖子变得更加灵活，让孩子的胸部着地，他就可以把头抬到90°的高度。
● 4个月左右，孩子就开始喜欢自言自语了。
● 为孩子提供铃铛或玩具，他可以自己用手抓，手眼协调性明显增强。
● 孩子视力的增强，他的眼神能够随着眼前移动的物体或人而改变。
● 满5～6个月时，他就能做出翻身的动作。

初期断乳食，
最重要的第一步

＊选择在喂母乳前喂给宝宝断乳食

初次添加断乳食，最好是在喂母乳之前。因为，此时的宝宝饥饿感相对较大，这时成功的几率也会比较高。尽量不要喂饱母乳后喂给宝宝断乳食，因为大多数的妈妈都会觉得自己用心制作了食物，就会希望宝宝能够多吃一点，反之就会感到伤心或焦虑，也可能会导致宝宝食用过量。要知道断乳食是在孩子心情愉快时，以满足胃部的渴望程度为基准，不宜过量。孩子满5～6个月时，每天定时喂孩子吃断乳食。喂母乳前的上午10点左右，是提供断乳食的最佳时期。

＊＊让孩子尝试用汤匙吃饭

初期断乳食的目的不在于补充营养，更重要的是让宝宝练习用汤匙吃饭的方法，因为这一步骤将会成为日后吃好断乳食的一个关键。因此，妈妈们不要为了喂食方便、省时间等理由，而剥夺了孩子练习用汤匙吃饭的训练机会。

应该准备什么，怎么喂孩子吃？

＊大米糊打响首战

一开始，是以1∶10的比例调整大米和水的使用量。浓度接近母乳，用汤匙舀起时，米糊容易往下流，就可以确定这个浓度比较适中了。根据孩子接受的程度逐渐调整米糊的浓度，当汤匙稍微倾斜时，汤匙上的米糊呈现半流动状态，用大米粉制作这种状态的粥就可以了。

＊＊待孩子适应了米糊后，就可以逐步增加新的食材

如果孩子对于米糊，表现出良好的消化吸收状态，就可以往米糊中添加蔬菜和水果。无论是谷物还是蔬菜，无任何严格的顺序规范。蔬菜可选择马铃薯、地瓜、丝瓜、胡萝卜、嫩南瓜、包菜、西兰花、菠菜等，水果就挑选苹果、香蕉等带皮的种类，削皮后开始使用。蔬菜煮熟后用刨刀器擦成泥，水果可以使用搅拌、捣碎的烹调法，随后，再用刨刀器擦成水果泥。一次就添加一种食品，每隔3～5日，添加一种新材料。

＊＊＊定点定时，使用汤匙

断乳食需要三项规范，就是在一定的地点、一定的时间、使用汤匙。断乳食一是通过提供丰富饮食来补充营养，二是培养孩子正确的饮食习惯。

＊＊＊＊逐步增加供应量

第一次喂孩子吃断乳食时，一天喂一次一小匙（15毫升）左右的米糊，随后逐渐增加供应量，到了6～7个月左右，就提供3～4大匙（50毫升）左右。不能因为孩子喜食断乳食而骤增使用量，或骤减母乳或奶粉的供应量。

＊＊＊＊＊注意观察孩子食用断乳食后的反应，及时作出反应和调整

孩子吃完断乳食后，表现出呕吐、腹泻、发疹、放屁等异常症状，首先应该是终止提供断乳食，停用几天后，慢慢尝试食用少量该食品，若还是出现异常反应，就停止使用，带孩子到医院，找专家医生询问情况。

粳米糊

材料
粳米粉 85克、水60毫升。

做法
1. 粳米粉用半杯水均匀地搅拌。
2. 在锅里倒入1杯水，待水煮开后，倒入搅拌好的米粉，一边煮一边用木铲搅拌。
3. 改用小火，煮到米粉呈水浆状态，用筛子过滤一遍，再放到锅里重新煮一次。

point

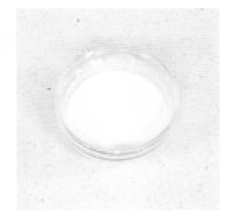

粳米粉先用冷水均匀地调和后，再用于制作糊糊或粥，这样才不会黏成块状，口感也会变得柔嫩。

nutrition tips

富含碳水化合物的米类先用冷水泡开，煮成粥状后再放到搅拌机里搅拌，倒出后用筛子过滤一遍，随后再煮一次即可食用。可以使用粳米粉，也可使用糯米粉。

cooking diary

....
....
....
....
....
....
....
....
....

makes
5个月：每餐15毫升，准备3餐的量。
7个月：每餐50毫升，准备1餐的量。

cooking time
准备5分钟、烹调15分钟。

storage
冷藏室中的保存时间为6小时，冷冻室中的保存时间为24小时。

nutrition facts
总热量：34.12千卡
碳水化合物：7.79克
蛋白质：0.65克
脂肪：0.04克

mineral & vitamin
维生素B₁
烟酸
钾

妈妈们不必太在意孩子的粪便颜色。
大便的次数和稀稠程度是要注意观察，但是粪便颜色不代表任何症状。

马铃薯糊

材料

马铃薯70克、奶粉30克。

做法

1. 马铃薯削皮后切碎，用冷水清洗一次后放入锅里，再倒入水煮熟。
2. 马铃薯煮到可以轻易捣碎时，就捞出来用筛子过滤一次，然后放到锅里再煮一次。
3. 马铃薯糊制作完成后关火，倒入奶糊均匀地搅拌。

point

1. 马铃薯煮熟后，捞出来用筛子过滤，直到无任何颗粒为止。

2. 奶粉可先用热水泡开，也可以在马铃薯糊温热时，直接倒入搅拌。

makes
5个月：每餐15毫升，准备3餐的量。
7个月：每餐50毫升，准备1餐的量。

cooking time
准备5分钟、烹调15分钟。

storage
冷藏室中的保存时间为6小时，冷冻室中的保存时间为24小时。

nutrition facts
总热量：57.50千卡
碳水化合物：1.50克
蛋白质：7.25克
脂肪：2.50克

mineral & vitamin
维生素C

nutrition tips

马铃薯富含碳水化合物、维生素C、必需氨基酸等营养素。断乳食初期就可以放心大胆地喂孩子吃马铃薯，随着月龄的增加，也可以将马铃薯煮熟或蒸熟后捣碎，作为点心。

cooking diary

如果孩子大便时比较费劲，可准备富含纤维质的水果或蔬菜，用刨刀器刨成泥后放到断乳食中喂孩子吃。妈妈可以在孩子的肚脐眼周围，以顺时针方向用手掌进行按摩，这个方法可助孩子一臂之力。

地瓜糊

材料
粳米粉10克（1大匙）、地瓜10克、水1.5杯。

做法
1. 将米粉和1杯水均匀地搅拌，避免米粉结成块状，地瓜削皮后用刨刀器磨成泥。
2. 在锅里放入搅拌后的米粉和磨好的地瓜，用中火一边煮一边搅拌。
3. 把剩余的半杯水都倒进去继续煮，把糊糊放到筛子上过滤一遍后放到锅里重新再煮一次。

point

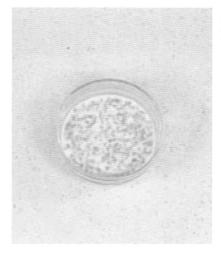

用刨刀器刨好的地瓜会立刻变色，建议磨好后立刻开始使用。

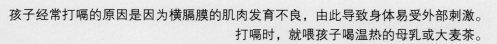

孩子经常打嗝的原因是因为横膈膜的肌肉发育不良，由此导致身体易受外部刺激。打嗝时，就喂孩子喝温热的母乳或大麦茶。

萝卜糯米糊

材料
泡开的糯米150克、白萝卜90克、水2杯。

做法
1. 萝卜削皮后洗净，切细丁。
2. 在锅里放入泡开的糯米、萝卜和水，用中火一边煮一边搅拌，待糊糊量缩到1杯左右，再用搅拌机搅拌。
3. 糊糊放到筛子上过滤一遍后，再放到锅里边煮边搅拌。

point

1. 挑选硬实、水分多的萝卜，削皮后切碎。

2. 在锅里放进糯米、萝卜、水后慢慢煮，煮熟后用搅拌机搅拌，之后再煮一次。

makes
5个月：每餐15毫升，准备3餐的量。
7个月：每餐50毫升，准备1餐的量。

cooking time
准备5分钟、烹调15分钟。

storage
冷藏室中的保存时间为6小时，冷冻室中的保存时间为24小时。

nutrition facts
总热量：46.14千卡
碳水化合物：10.23克
蛋白质：1.31克
脂肪：0.28克

mineral & vitamin
维生素C

不必为遵守母乳时间而叫醒熟睡的孩子。即使一天的食用次数和食量看似较少，只要孩子的体重在直线上升，就不用太担心。

胡萝卜糊

材料
粳米粉80克、胡萝卜100克、清水适量。

做法
1. 胡萝卜削皮后切碎放到锅里，再倒入1杯水，用小火慢慢煮，直到糊糊量缩为半杯。
2. 煮熟的胡萝卜用筛子过滤后放到锅里，再把米粉和半杯水倒进去一起煮。
3. 开启小火，用木铲一边煮一边搅拌，煮到糊糊变得浓稠为止。

point

胡萝卜用大火煮时，在全熟之前水分就会蒸发，因此建议用小火慢慢煮，直到胡萝卜都煮熟透为止。

nutrition tips

胡萝卜富含维生素和无机质。采用炒法进行烹调，营养吸收率会增加，因此到了孩子可以吃饭的年龄，就用食用油炒熟喂孩子吃。

cooking diary

makes
5个月：每餐15毫升，准备3餐的量。
7个月：每餐50毫升，准备1餐的量。

cooking time
准备5分钟、烹调15分钟。

storage
冷藏室中的保存时间为6小时，冷冻室中的保存时间为24小时。

nutrition facts
总热量：35.77千卡
碳水化合物：8.13克
蛋白质：0.71克
脂肪：0.05克

mineral & vitamin
β-胡萝卜素
钙

应该减少夜晚的母乳供应量，食用奶粉的孩子在满4~5个月后、食用母乳的孩子则在满6个月后，开始减少夜晚的母乳提供次数。

嫩南瓜糯米糊

材料
糯米粉40克、嫩南瓜55克。

做法
1. 嫩南瓜削皮去籽后取其柔嫩的果肉切碎。
2. 在锅里放入糯米粉和嫩南瓜翻炒后倒入清水，用小火慢慢煮。
3. 把煮熟的糊糊倒出来用筛子过滤一遍后，倒入锅里再煮一次。

point

断乳食初期使用嫩南瓜时，需要削皮去籽，取其柔嫩的果肉使用。

nutrition tips

嫩南瓜富含β–胡萝卜素，南瓜籽含促进大脑发育的卵磷脂，但断乳食初期需要去籽，取其柔嫩的果肉使用。南瓜粥中的纤维质含量高，较硬实，对于年幼的孩子来说是一种负担。

cooking diary

makes
5个月：每餐15毫升，准备3餐的量。
7个月：每餐50毫升，准备1餐的量。

cooking time
准备10分钟、烹调15分钟。

storage
冷藏室中的保存时间为6小时，冷冻室中的保存时间为24小时。

nutrition facts
总热量：43.44千卡
碳水化合物：8.89克
蛋白质：1.36克
脂肪：0.26克

mineral & vitamin
β–胡萝卜素
钾

宝宝开始长时间长牙时，就是提醒妈妈管理牙齿的时间到了。
孩子入睡前或喝完母乳后，用干净的手巾浸水，把乳牙擦拭干净。

菠菜糊

材料
泡开的大米130克、烫好的菠菜50克。

做法
1. 在锅里放入泡开的大米，倒入水，起先用大火煮一会儿，再用中火煮到米粒全熟为止。
2. 菠菜就用开水氽烫，去除水分后捣碎。
3. 待糊糊量缩到一半后放入捣碎的菠菜煮一会儿，然后倒出来放凉，再用搅拌机搅拌。
4. 用筛子过滤后，倒入锅里再煮一次。

point

大米煮熟后，放入烫好的菠菜，倒出来后用搅拌机进行搅拌，用筛子过滤后再煮。

makes
6~7个月：每餐50毫升，准备1餐的量（从15毫升着手，缓缓开始）。

cooking time
准备10分钟、烹调15分钟。

storage
冷藏室中的保存时间为6小时，冷冻室中的保存时间为24小时。

nutrition facts
总热量：37.72千卡
碳水化合物：8.32克
蛋白质：0.93克
脂肪：0.08克

mineral & vitamin
β-胡萝卜素
维生素C
钙

孩子满6个月后，停止提供夜晚的母乳有助于促进睡眠。一天让孩子充分享受9小时以上的睡眠时间，在白天也应维持上午、下午各1~3小时左右的睡眠时间。

苹果糊

材料
泡开的糯米130克、苹果80克。

做法

1. 苹果削皮后切碎，泡开的糯米就用搅拌机或研钵制成小颗粒状。

2. 在锅里放入处理好的糯米、3大匙水翻炒一会儿，待糯米变得透明后，放入苹果再炒一炒，倒入剩余的水。一开始使用大火，随后改用中小火，煮到糊糊量减半为止即可。

3. 糊糊用筛子过滤后，放入锅里再煮一次。

point

1. 泡开的糯米放到搅拌机或研钵里，把搅拌或研磨好的糯米放入锅里，倒入水熬粥。这样一来，糊糊就容易通过筛子，也不会赖在孩子的喉咙里，让喉咙体验温柔的感觉。

2. 磨好的糯米先炒后煮，就不容易结块，并且放入苹果一起煮，就会均匀地散开，味道也会升级。

makes
5个月：每餐15毫升，准备3餐的量。
7个月：每餐50毫升，准备1餐的量。

cooking time
准备5分钟、烹调15分钟。

storage
冷藏室中的保存时间为6小时，冷冻室中的保存时间为24小时。

nutrition facts
总热量：48.73千卡
碳水化合物：10.56克
蛋白质：1.01克
脂肪：0.28克

mineral & vitamin
磷
钾
维生素C

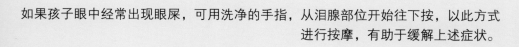

如果孩子眼中经常出现眼屎，可用洗净的手指，从泪腺部位开始往下按，以此方式进行按摩，有助于缓解上述症状。

香蕉糊

材料
粳米粉30克、香蕉40克。

做法
1. 在锅里倒入水和米粉均匀地搅拌后，启用中小火，一边煮一边搅拌。
2. 待米粉均匀地融化，糊糊量减少1/3左右时，加入捣碎的香蕉。
3. 待香蕉均匀地散开后放凉，倒入搅拌机中搅拌后用筛子过滤。
4. 把过滤好的糊糊放入锅里，并用小火煮到糊糊变得黏稠为止。

point

购买时，挑选全熟、果皮中生斑的香蕉，若挑选未全熟的香蕉，有可能引发腹泻症状。

cooking diary

....

....

....

....

....

....

....

....

makes
5个月：每餐15毫升，准备3餐的量。
7个月：每餐50毫升，准备1餐的量。

cooking time
准备5分钟、烹调15分钟。

storage
冷藏室中的保存时间为6小时，冷冻室中的保存时间为24小时。

nutrition facts
总热量：52.32千卡
碳水化合物：12.01克
蛋白质：0.89克
脂肪：0.08克

mineral & vitamin
钾
磷

孩子的尿液偏黄色属于正常，呈现深黄色，便是水分含量不足所致。
妈妈要注意为孩子补充水分。

梨子糊

材料

粳米粉40克、梨子30克。

做法

1. 梨子削皮后，用刨刀器磨成泥。
2. 在锅里倒入水和米粉均匀地搅拌，用中小火一边煮一边搅拌，直到糊糊变得浓稠为止。
3. 放入擦好的梨子，搅拌煮熟后用筛子过滤，再放到锅里煮一次。

point

1. 磨梨子时，不宜使用不锈钢刨刀器，使用陶瓷刨刀器才会防止梨的营养流失，磨好须立刻食用，以防止褐变现象。

2. 米粉用水搅拌后煮熟，加入磨好的梨轻轻煮一会儿，捞出来后用筛子过滤后，再煮一次。

nutrition tips

孩子咳嗽感冒时，捣磨梨汁喂孩子喝，效果极佳。放进断乳食中，其高含量的消化酶会驱散任何腹泻的可能性，让孩子感觉体内非常舒服。在制作时，把梨籽周围的所有果肉都刮下来，放到搅拌机或刨刀器上磨好后食用。

cooking diary

....

....

....

....

....

....

....

....

makes

5个月：每餐15毫升，准备3餐的量。

7个月：每餐50毫升，准备1餐的量。

cooking time

准备5分钟、烹调15分钟。

storage

冷藏室中的保存时间为6小时，冷冻室中的保存时间为24小时。

nutrition facts

总热量：38.69千卡

碳水化合物：8.88克

蛋白质：0.68克

脂肪：0.05克

mineral & vitamin

钾

维生素C

孩子吃断乳食后，如果表现出哭泣或心情不好的态度时，说明孩子口渴了，这时就应该提供温热的水。

鳕鱼糊

材料
泡开的米（3/4大匙）、鳕鱼肉5克、水2杯。

做法
1. 鳕鱼剥皮后，以1厘米的厚度切成条状，在开水中汆烫后淋上冷水。
2. 在锅里放入鳕鱼肉和泡开的米翻炒一会儿，倒入水后用小火慢慢煮，煮熟后放凉，用搅拌机搅拌。
3. 搅拌好的糊糊用筛子过滤后，放到锅里再煮一次。

nutrition tips

与黄花鱼、带鱼相比，鳕鱼的脂肪含量少之又少，是断乳食初期极佳的蛋白质供给来源。剥皮后挑出所有的鱼刺，用开水烫一烫，等去除腥味和异物后再食用。

point

1. 鳕鱼皮中的纤维质含量高，连皮带肉剥掉厚厚一层后，用开水汆烫后，再用清水冲洗，去除异物。

2. 把鳕鱼肉和泡开的米放到锅里一起煮，煮熟后放凉，用搅拌机搅拌，糊糊温度高时不宜搅拌，因此建议先放凉后再操作。

cookin diary

makes
6～7个月：每餐50毫升，准备1餐的量（从15毫升着手，缓缓开始）。

cooking time
准备15分钟，烹调15分钟。

storage
冷藏室中的保存时间为6小时，冷冻室中的保存时间为24小时。

nutrition facts
总热量：37.87千卡
碳水化合物：7.79克
蛋白质：1.53克
脂肪：0.04克

mineral & vitamin
钙
烟酸

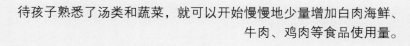
待孩子熟悉了汤类和蔬菜，就可以开始慢慢地少量增加白肉海鲜、牛肉、鸡肉等食品使用量。

牛肉糊

材料
泡开的米80克、牛肉（牛柳）35克、水2杯。

做法
1. 牛肉去除脂肪和牛筋后，取其瘦肉捣碎。
2. 在锅里放入去除水分的米、牛肉和3大匙水翻炒，直到米粒变得透明。
3. 倒入剩余的水，待糊糊煮开后改用小火慢慢煮，煮到糊糊量减半后关火放凉，然后用搅拌机搅拌。
4. 搅拌好的糊糊用筛子过滤后，再放到锅里煮一次。

point

清理牛肉时，清除牛筋和脂肪，选择孩子易消化的瘦肉部分，把泡开的米和牛肉放到锅里一起炒，然后倒入水煮成糊糊，这时肉汁就会均匀地流出来，让味道更加香浓。

nutrition tips

说到为孩子补充大量蛋白质和铁质，牛肉是不可缺少的食品。购买牛肉时，应该挑选不油腻的牛柳。与其用牛肉汤制作糊糊，倒不如捣碎牛肉直接放入糊糊里，让孩子吸收牛肉全部的营养。

cooking diary

....

....

....

....

....

....

....

....

....

makes
6个月：每餐50毫升，准备1餐的量（从15毫升着手，缓缓开始）。

cooking time
准备15分钟、烹调15分钟。

storage
冷藏室中的保存时间为6小时，冷冻室中的保存时间为24小时。

nutrition facts
总热量：49.90千卡
碳水化合物：7.79克
蛋白质：2.57克
脂肪：0.94克

mineral & vitamin
铁
烟酸

原则上不宜为孩子清除耳屎。如果随意挖出耳屎，有可能损伤外耳道，建议在前往医院打预防针时，请医护人员检查一下孩子的耳朵。

鸡肉糊

材料

粳米粉10克（1大匙）、鸡柳5克、水2杯。

做法

1. 剥掉鸡柳的一层薄膜后捣碎，放入锅里后再倒入3大匙水翻炒。
2. 待鸡肉煮熟后，倒入1.5杯水慢慢煮，煮开后用搅拌机搅拌，把搅拌好的鸡肉倒入锅里。
3. 再放入米粉和剩余的水均匀地搅拌，待它变得浓稠后，一边煮一边搅拌。
4. 煮开后用筛子过滤，随后再煮。

point

1. 断乳食初期不宜吸收脂肪，因此清理鸡柳时，应该把鸡柳表面的一层薄膜、脂肪或肉筋等部分清除干净后，再进行烹调。

2. 鸡肉煮熟后用搅拌机搅拌，颗粒才会变得均匀，搅拌好的鸡肉不像生鸡肉，很容易用筛子过滤。

makes
6~7个月：每餐50毫升，准备1餐的量（从15毫升着手，缓缓开始）。

cooking time
准备15分钟，烹调15分钟。

storage
冷藏室中的保存时间为6小时，冷冻室中的保存时间为24小时。

nutrition facts
总热量：38.76千卡
碳水化合物：7.79克
蛋白质：1.82克
脂肪：0.06克

mineral & vitamin
维生素A

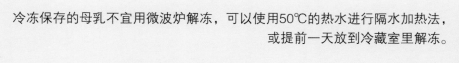
冷冻保存的母乳不宜用微波炉解冻，可以使用50℃的热水进行隔水加热法，或提前一天放到冷藏室里解冻。

7~9 months

满7~9个月的孩子，就可以用舌头揉碎小颗粒食品，
并且能够用嘴巴转动口中的食品，
可以喂孩子吃半固体形状的食品。
为了补充铁质，需要提供富含动物蛋白质的
牛肉、鸡肉、海鲜类等食品。

7～9个月的孩子应该……

● 能够独立坐起来，并且坐着玩耍一段时间。
● 抱着孩子站起来，他就会蹦蹦跳跳，也可以自己到处爬了。
● 乳牙开始长出来，手脚更灵活，能够自己拿着水果吃。
● 自主性和好奇心增强，开始会抓玩具或物品放到嘴里。
● 开始能够听得懂妈妈说的话，模仿大人说话了。
● 这时孩子怕生，也开始可以区别家人和陌生人。

中期断乳食，
就应该这么做！

＊一天提供两次断乳食

孩子满7～8个月时，最好是一天两次断乳食，最佳的进餐时间是上午10时和下午2时。在8个月后期开始到9个月之间，可以根据大人的用餐时间，将断乳食提供次数增加到一天3次。处在这一时期的孩子，活动量多，所吸收的断乳食量也会直线上升。

＊＊让孩子学着用杯子喝水

满8～9个月，就可以给孩子抓杯子或汤匙。孩子边吃边玩不仅有益于成长发育，还有助于身体机能的发育。孩子使用的杯子应该是不易碎的、材料安全的，可以是色彩明亮的或卡通的，有助于提高孩子对杯子的兴趣。待孩子熟悉杯子后，再让孩子掌握杯子的使用方法。妈妈们可以挑选带手把的杯子或幼儿用的奶嘴杯。

＊＊＊愉快的家庭用餐氛围有利于孩子

到了8个月后期，就按照大人的用餐时间，一天提供3次断乳食。如果一家人无法在一起吃饭，至少让妈妈陪孩子一起吃饭。一家人一起吃饭的氛围有助于孩子培养正确的饮食习惯。

断乳中期的孩子
应该怎么吃?

＊孩子可以喂颗粒状食物

孩子满7~8个月时,会长出一两颗乳牙,可以用舌头揉碎小颗粒食品,而且下巴可以上下移动,用嘴巴转动一定量的食品,这时就提供可以用舌头或牙龈揉碎的半固体状食品。一开始,孩子会直接吞咽食品,建议妈妈捣碎饭粒,制作5~6倍粥。孩子满9个月时,提供带有米粒的粥,其米饭有半粒大小即可。

＊＊不宜过早喂给孩子成人的食物

当孩子可以自己坐着与家人一起吃饭时,妈妈就会为孩子挑选大人吃的食品中最为柔软、鲜嫩的料理,但是这时并未到提供这些料理的时候。对于大人来说是清淡的食品,但对于孩子来说却是很咸的料理。

＊＊＊一定要提供动物性蛋白质食品

蛋白质对于维持和促进身体组织的发育具有重要的作用,它是成长所必需的营养素,尤其是其中的动物性蛋白质,含有必需氨基酸,易被人体所吸收,妈妈必须为这一时期的孩子提供该营养素。孩子满6个月后,体内易缺失铁质,因此必须提供富含铁质的牛肉、鸡肉、鸡蛋、海鲜类等食品,但是还不宜提供猪肉,在孩子满周岁后再尝试使用猪肉。

西兰花牛奶粥

材料
泡开的米130克、奶粉50克、西兰花25克、水2杯。

做法
1. 西兰花去皮，清除纤维质，用开水氽烫后再用冷水清洗，以0.2厘米的大小切碎。
2. 泡开的大米用研钵捣碎至半粒大小，倒入3大匙水进行翻炒，随后再倒入剩余的水。
3. 待粥煮开后，改用小火，为防止黏锅，边煮边用木铲搅拌，煮到大米全熟为止。
4. 粥变得浓稠后，放入西兰花，再倒入用温水调好的奶粉，煮一会儿。

point

1. 西兰花去皮后用开水氽烫，这时放入少许食盐，随后用冷水清洗，这一步骤有助于提高营养吸收率。

2. 泡开的米用研钵捣碎后再进行烹调，更加容易煮熟，使用少量水就可以让米心熟透。

nutrition tips

抗癌效果卓越的西兰花富含维生素C、β-胡萝卜素、食物纤维等营养素，是具有代表性的健康食品，其维生素C含量比柠檬多。

cooking diary

....
....
....
....
....
....
....
....

makes
7个月：每餐50毫升，准备2餐的量。
9个月：每餐100毫升，准备1餐的量。

cooking time
准备10分钟，烹调15分钟。

storage
冷藏室中的保存时间为12小时，冷冻室中的保存时间为24小时

nutrition facts
总热量：105.94千卡
碳水化合物：12.27克
蛋白质：8.42克
脂肪：2.58克

mineral & vitami
维生素C
β-胡萝卜素
钾

当孩子用舌头推出汤匙时，在匙尖部分，黏上少量断乳食，把汤匙递给孩子，让孩子玩耍，以便培养孩子对汤匙的兴趣。

嫩豆腐糯米粥

材料
糯米粉20克（2大匙）、嫩豆腐20克、水1.5杯。

做法
1. 糯米粉用筛子过滤2遍，嫩豆腐用冷水清洗一次后用筛子过滤一遍。
2. 在锅里放入嫩豆腐，糯米粉提前用水搅拌后倒进去，一边煮一边搅拌。
3. 待糯米粉全熟，粥变得浓稠后关火。

point

糯米粉用筛子过滤，以免结成块状，嫩豆腐也用筛子捣碎。

makes
7个月：每餐50毫升，准备2餐的量。
9个月：每餐100毫升，准备1餐的量。

cooking time
准备5分钟、烹调15分钟。

storage
冷藏室中的保存时间约为12小时，冷冻室中的保存时间约为24小时。

nutrition facts
总热量：87.00千卡
碳水化合物：16.54克
蛋白质：2.96克
脂肪：1.00克

mineral & vitamin
铁
烟酸

当孩子吃断乳食时，妈妈可以对着孩子示范 "niam ~ niam" 咀嚼的动作，让孩子模仿妈妈。这样一来，可以促进培养孩子对于断乳食的兴趣。

香菇鸡蛋粥

材料
泡开的米130克、香菇25克、蛋黄30克。

做法
1. 香菇摘掉蕈柄，以0.2厘米的大小切碎，泡开的大米用研钵捣碎至半粒大小。
2. 在锅里放入切碎的香菇、捣碎的米、水3大匙后翻炒一会儿，再倒入剩余的水用小火慢慢煮。
3. 待米全熟，粥变得浓稠后，放入蛋黄，均匀地搅拌。

point

蛋黄煮久了就会变得僵硬，建议放入鸡蛋迅速搅拌后直接关火。

nutrition tips

菌菇类富含多糖类，能有效提高免疫机能。多糖类是水溶性营养素，不宜长时间用水清洗或泡在水里，稍微清洗过后就可以进行烹调了。

cooking diary

makes
7个月：每餐50毫升，准备2餐的量。
9个月：每餐100毫升，准备1餐的量。

cooking time
准备10分钟、烹调15分钟。

storage
冷藏室中的保存时间约为12小时，冷冻室中的保存时间约为24小时。

nutrition facts
总热量：87.28千卡
碳水化合物：12.65克
蛋白质：2.87克
脂肪：2.71克

mineral & vitamin
钙
维生素A

孩子满9个月之际，应该开始练习用杯子喝母乳或牛奶，这一步骤有助于孩子日后停用奶瓶。

马铃薯豌豆粥

材料

泡开的大米120克、马铃薯40克、豌豆25克。

做法

1. 马铃薯削皮后以0.2厘米的大小切碎后泡在冷水里，豌豆煮熟后剥开豆皮，切成与马铃薯一样的大小。
2. 在搅拌机里放入泡开的米和半杯水搅拌，放入锅里后倒入剩余的水，一边煮一边搅拌，以免结成块状。
3. 放入捣碎的马铃薯，待粥变得浓稠后，放入豌豆均匀地搅拌，再煮一会儿。

point

豌豆不易消化，必须先清除豆皮后再开始使用。煮熟的豌豆用手揉搓，即可轻易去皮。

makes

7个月：每餐50毫升，准备2餐的量。
9个月：每餐100毫升，准备1餐的量。

cooking time

准备15分钟、烹调15分钟。

storage

冷藏室中的保存时间约为12小时，冷冻室中的保存时间约为24小时。

nutrition facts

总热量：66.30千卡
碳水化合物：14.70克
蛋白质：1.70克
脂肪：0.08克

mineral & vitamin

钾
维生素C

为孩子准备可以用手抓着吃的食品，让孩子体验自己抓着吃的感觉，有助于培养不挑食的饮食习惯。

包菜萝卜粥

材料
泡开的大米120克、包菜30克、白萝卜50克。

做法
1. 包菜和白萝卜以0.2厘米的大小切碎。
2. 在搅拌机里放入泡开的米和半杯水进行搅拌后，放入锅里翻炒。
3. 待米粒变得透明后，放入包菜、萝卜和剩余的水，煮到粥变得浓稠为止。

point

待粥变得柔嫩后，放入包菜和萝卜，这两种蔬菜都比较硬实，需要煮到可以用手轻易捣碎的程度。

nutrition tips

包菜富含维生素、食物纤维和钙质，尤其是钙质，像牛奶一样易被人体所吸收。包菜与牛肉一起烹调，其营养成分能起到互补作用，而且煮熟后其甜味会增加，深受孩子们的喜爱。

cooking diary

makes
7个月：每餐50毫升，准备2餐的量。
9个月：每餐100毫升，准备1餐的量。

cooking time
准备15分钟、烹调15分钟。

storage
冷藏室中的保存时间约为12小时，冷冻室中的保存时间约为24小时。

nutrition facts
总热量：60.60千卡
碳水化合物：13.50克
蛋白质：1.36克
脂肪：0.13克

mineral & vitamin
钙
维生素C
维生素U
β-胡萝卜素

当孩子不咀嚼断乳食而是直接吞咽时，妈妈要示范咀嚼的样子，
以便孩子有模仿的对象。
要知道，细嚼慢咽的习惯能有效预防肥胖症。

苹果马铃薯粥

材料

泡开的大米130克、苹果65克、马铃薯40克。

做法

1. 苹果削皮后以0.2厘米的大小切碎，马铃薯削皮后也按照同样的大小切碎，然后浸泡在冷水里。

2. 在搅拌机里放入泡开的米和1/4杯水进行搅拌后放入锅里，再倒入剩余的水和马铃薯后开始煮。

3. 待粥煮开后，改用小火，煮到大米全熟为止，待粥量减半后，放入切好的苹果继续煮，直到粥可以自动滑落的浓度。

point

苹果和马铃薯适合现切现用，若要推迟切开后的使用时间，就泡在冷水里，以防止褐变。

nutrition tips

苹果中最丰富的维生素C都隐藏在果皮和与果皮接近的果肉部分里，尽量将果皮薄薄地去除，以减少维生素C的流失。

cooking diary

....

....

....

....

....

....

....

....

makes

7个月：每餐50毫升，准备2餐的量。

9个月：每餐100毫升，准备1餐的量。

cooking time

准备5分钟、烹调15分钟。

storage

冷藏室中的保存时间约为12小时，冷冻室中的保存时间约为24小时。

nutrition facts

总热量：60.72千卡
碳水化合物：13.30克
蛋白质：1.16克
脂肪：0.32克

mineral & vitamin

钾
维生素C

妈妈们在断乳食初期和中期一般是以制作富含碳水化合物的断乳食为主，在此基础上，要注意提供富含铁和锌，并且易消化吸收的牛肉，以满足孩子对于蛋白质的需求。

秀珍菇粥

材料
泡开的糯米15克（1大匙）、秀珍菇10克、水1.5杯。

做法
1. 秀珍菇洗净后用开水汆烫，再用清水冲洗，去除水分后以0.2厘米的大小切碎。
2. 在搅拌机里放入泡开的糯米和半杯水进行搅拌后再放入锅里。
3. 再放入切碎的秀珍菇煮一会儿后，改用小火慢慢煮。
4. 待米彻底煮透，到了可以自动滑落的浓度就关火。

point

1. 购买时，挑选颜色深、伞盖未散开、新鲜的秀珍菇，用开水汆烫后再进行烹调，有利于去除其带在身上的异物。

2. 用汤匙捞起粥时，以可以依稀看到粥料，而且粥依附在汤匙上慢慢滑落的浓度最佳。

makes
7个月：每餐50毫升，准备2餐的量。
9个月：每餐100毫升，准备1餐的量。

cooking time
准备10分钟、烹调15分钟。

storage
冷藏室中的保存时间约为12小时，冷冻室中的保存时间约为24小时。

nutrition facts
总热量：61.86千卡
碳水化合物：12.87克
蛋白质：1.70克
脂肪：0.40克

mineral & vitamin
钾
β-胡萝卜素

如果想要预防尿布引起的发疹症状，就应该经常保持通风、清洁的状态，即使是吸收率再高的尿布都要在孩子排尿一两次后进行更换。

牛肉菠菜粥

材料
泡开的米85克、牛肉50克、菠菜40克。

做法
1. 牛肉清除脂肪和牛筋后切碎，菠菜用开水氽烫后再切碎。
2. 在搅拌机里放入切碎的菠菜、泡开的米、1/4杯水后进行搅拌。
3. 在锅里放入捣碎的牛肉和半杯水翻炒后，放入搅拌好的米，开始煮粥。
4. 待米粒变得透明后，放入剩余的水，先用高火煮一会儿再改用小火，记住要一边煮一边搅拌。

point

菠菜未经刀切，直接放入搅拌机里，就会到处缠绕起来，妨碍搅拌，建议在切碎后再放入搅拌机里。

makes
7个月：每餐50毫升，准备2餐的量。
9个月：每餐100毫升，准备1餐的量。

cooking time
准备15分钟、烹调15分钟。

storage
冷藏室中的保存时间为12小时，冷冻室中的保存时间为24小时。

nutrition facts
总热量：69.48千卡
碳水化合物：12.06克
蛋白质：3.09克
脂肪：0.97克

mineral & vitamin
钾
β-胡萝卜素

在孩子满周岁前，在每次使用奶瓶时，都应该先进行消毒。
用开水煮奶瓶，可以在短时间内，达到极佳的消毒效果。

牛肉包菜粥

材料
泡开的米70克、牛肉40克、包菜35克。

做法
1. 牛肉去除脂肪和牛筋后切碎，包菜用开水汆烫后以0.2厘米的大小切碎。
2. 米放到研钵里，以研钵捣碎至半粒大小。
3. 在锅里放入捣磨好的米、牛肉、3大匙水，一起翻炒后放入剩余的水和碎的包菜。
4. 一开始先用大火煮一会儿，随后改用小火，煮到粥变得浓稠为止，一边煮一边搅拌。

point

包菜的菜心又粗又硬，清理时去除菜心取嫩叶使用。需要注意的是，必须用开水汆烫，以去除硫磺成分，减少菜的香气。

nutrition tips
如果孩子的食量非常少，就可以用牛肉制作各式各样的断乳食。牛肉具有暖身、强健肠胃机能的功效，能在不知不觉中增强食欲。

cooking diary

makes
7个月：每餐50毫升，准备2餐的量。
9个月：每餐100毫升，准备1餐的量。

cooking time
准备15分钟，烹调15分钟。

storage
冷藏室中的保存时间约为12小时，冷冻室中的保存时间约为24小时。

nutrition facts
总热量：69.86千卡
碳水化合物：12.10克
蛋白质：3.05克
脂肪：1.02克

mineral & vitamin
钾
维生素A

汗疹症状严重时，孩子一出汗就应该马上为孩子洗澡，这是最及时有效的方法，再者就是为孩子勤换通气的衣服，时常保持清洁。

牛肉海带芽粥

材料
泡开的米80克、牛肉40克、泡开的海带芽30克。

做法
1. 牛肉去除牛筋和脂肪后取其瘦肉捣碎。
2. 泡开的海带芽选择嫩叶部分，以0.2厘米的大小切碎，米放入研钵里捣碎。
3. 在锅里放入牛肉碎、捣碎的米、3大匙水进行翻炒，再放入海带芽、剩余的水开始煮粥，煮到米粒全熟且粥变得浓稠为止。

point

泡开的海带芽揉搓清洗几次后，去除硬实的茎部，取其嫩叶部分使用。

nutrition tips

净化血液的海带芽是产妇必食的首选食品，对于成长期的孩子来说，它更是必不可少的食品。它富含蛋白质、碳水化合物、矿物质、磷、碘等营养素，而且还富含钙，具有强健骨头的效果。

cooking diary

makes
7个月：每餐50毫升，准备2餐的量。
9个月：每餐100毫升，准备1餐的量。

cooking time
准备15分钟，烹调15分钟。

storage
冷藏室中的保存时间约为12小时，冷冻室中的保存时间约为24小时。

nutrition facts
总热量：76.56千卡
碳水化合物：11.94克
蛋白质：4.01克
脂肪：1.41克

mineral & vitamin
钾
烟酸
钙
β-胡萝卜素

只要是塑胶材质，在常温中也会排出有害物质。
盛装断乳食的容器不宜选择塑胶材质，建议使用玻璃或瓷器材质的产品。

蒸鸡肉豆腐

材料
鸡胸肉和豆腐各15克、包菜10克、水3杯。

做法
1. 鸡胸肉去除薄膜和脂肪后煮嫩，以0.2厘米的大小切碎。肉汤用纱布过滤后待用。
2. 豆腐切除表面坚硬的部分，用筛子捣碎，包菜以0.2厘米的大小切碎。
3. 在锅里放入鸡胸肉、豆腐、包菜、肉汤后用小火一边煮一边搅拌，煮到看不见汤水为止。

point

豆腐的表面部分，对于孩子来说过于坚硬，应用刀切除后再使用。厚实的鸡胸肉切薄后再煮，以达到缩短烹调时间的目的。

nutrition tips

豆腐与肉类和海鲜一起食用，具有抑制或减少胆固醇的功效，不仅含有蛋白质，还富含钙质，能有效强健骨头和牙齿。

cooking diary

makes
7个月：每餐50毫升，准备2餐的量。
9个月：每餐100毫升，准备1餐的量。

cooking time
准备15分钟、烹调15分钟。

storage
冷藏室中的保存时间约为12小时，冷冻室中的保存时间约为24小时。

nutrition facts
总热量：80.37千卡
碳水化合物：0.44克
蛋白质：11.98克
脂肪：3.41克

mineral & vitamin
钙
钾
维生素C

要以多种食品均衡组成的食谱，让孩子享受丰富的营养带来的健康。

鸡肉嫩南瓜粥

材料
米饭70克、鸡胸肉30克、嫩南瓜35克。

做法
1. 鸡胸肉切薄后放入锅里，倒入水煮一会儿，待汤水缩到2杯左右后捞出鸡肉以0.2厘米的大小切碎。汤汁用纱布过滤后待用。
2. 嫩南瓜用圆切法取其嫩果肉，以0.2厘米的大小切碎，米饭用汤匙捣碎后用筛子过滤。
3. 在锅里放入鸡胸肉、捣碎的米饭、汤汁后用中火煮。
4. 待粥量减半后，放入嫩南瓜用小火一边煮一边搅拌，煮到粥变得浓稠为止。

point

鸡胸肉未煮熟就切开，容易结成块状，也无法轻易制成均匀的大小。等煮熟后再切，才可以达到均匀的效果。

鸡肉易消化吸收，不仅是断乳食，对于成长期的孩子来说也是不错的选择。鸡皮中的脂肪含量高，建议彻底去皮后取其瘦肉使用。

cooking diary

makes
7个月：每餐50毫升，准备2餐的量。
9个月：每餐100毫升，准备1餐的量。

cooking time
准备15分钟，烹调15分钟。

storage
冷藏室中的保存时间约为12小时，冷冻室中的保存时间约为24小时。

nutrition facts
总热量：56.04千卡
碳水化合物：10.31克
蛋白质：3.43克
脂肪：0.12克

mineral & vitamin
钾
维生素C
β-胡萝卜素

等孩子病好后，连平时爱吃的断乳食都拒之于千里之外。
这时不宜勉强孩子，应给孩子一点时间来缓一缓。

鸡肉橘子粥

材料
泡开的米15克（1大匙）、橘子和鸡柳各10克、水1.5杯。

做法
1. 在鸡柳去除薄膜和脂肪后再煮，煮熟后以0.2厘米的大小切碎。
2. 橘子剥开薄皮后切碎。
3. 在搅拌机里放入泡开的米和半杯水，进行搅拌后倒入锅里炒。
4. 再放入碎的鸡柳和剩余的水煮一会儿，待米粒全熟后，放入橘子再煮一次。

point

1. 鸡肉煮熟、切碎后进行烹调，这才更适宜孩子食用。

2. 橘子应剥开里面的薄皮后再切碎进行烹调，这样才不会黏在孩子的喉咙里，且易消化吸收。

makes
7个月：每餐50毫升，准备2餐的量。
9个月：每餐100毫升，准备1餐的量。

cooking time
准备15分钟，烹调15分钟。

storage
冷藏室中的保存时间约为12小时，冷冻室中的保存时间约为24小时。

nutrition facts
总热量：65.19千卡
碳水化合物：12.68克
蛋白质：3.38克
脂肪：0.11克

mineral & vitamin
维生素C
磷
钾
β－胡萝卜素

准备洋葱、胡萝卜、包菜等，汇集成杂菜，倒入水一起煮，这样可以完成凉爽而香甜的调味汤。用此汤水制作断乳食，孩子会更迷恋喝粥的感觉。

明太鱼香菇粥

材料

泡开的米15克（1大匙）、生明太鱼肉10克、干香菇1.5克（以3厘米大小准备半片）、水1.5杯。

做法

1. 生明太鱼剥皮后用开水汆烫，再用干毛巾去除水分后切碎待用。
2. 泡开的米放到研钵里捣碎，干香菇就浸泡在热水里，待香菇泡开后去除水分，取其伞盖捣碎。
3. 在锅里放入切碎的明太鱼和香菇炒一会儿，倒入水用高火煮。
4. 待粥煮开后，边煮边搅拌，用小火煮到米粒全熟为止。

point

在锅里放入泡开的米、明太鱼肉、干香菇炒一会儿，再倒入清水慢慢煮。在煮粥前，先炒材料，就可以熬出更加香浓可口的味道。

nutrition tips

菌菇类富含大量的纤维质，且几乎无热量，因此与牛肉、猪肉等肉类或海鲜类搭配使用，可以为孩子提供均衡的营养。菌菇类还具有减少胆固醇滋生的效果，与鲜虾也是天作之合。

cooking diary

makes
7个月：每餐50毫升，准备2餐的量。
9个月：每餐100毫升，准备1餐的量。

cooking time
准备20分钟、烹调15分钟。

storage
冷藏室中的保存时间约为12小时，冷冻室中的保存时间约为24小时。

nutrition facts
总热量：58.99千卡
碳水化合物：11.67克
蛋白质：2.77克
脂肪：0.14克

mineral & vitamin
钙
维生素A
烟酸
维生素C

如果想让孩子健康成长，就必须接受预防疫苗。婴幼儿患上的疾病大多数是由病毒引起的感染，因此建议妈妈根据预防疫苗方案，让孩子接受疫苗的保护。

鳕鱼海苔粥

材料

泡开的米100克、鳕鱼肉50克、海苔10克。

做法

1. 鳕鱼去刺剥皮后以0.2厘米的大小切碎。
2. 泡开的米用研钵捣碎，海苔用干锅烤一烤后切碎。
3. 在锅里放入捣碎的米、鳕鱼和水，煮到米粒彻底熟透为止，一边煮一边搅拌，待粥变得浓稠之后放入烤好的海苔。

point

把烤好的海苔放到塑胶袋里捣碎，就可以轻而易举地制作碎海苔了，而且既干净又方便。

makes

7个月：每餐50毫升，准备2餐的量。

9个月：每餐100毫升，准备1餐的量。

cooking time

准备15分钟、烹调15分钟。

storage

冷藏室中的保存时间约为12小时，冷冻室中的保存时间约为24小时。

nutrition facts

总热量：64.82千卡
碳水化合物：11.89克
蛋白质：4.00克
脂肪：0.14克

mineral & vitamin

钙
β-胡萝卜素

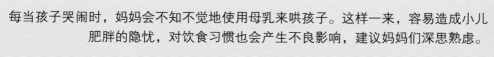

每当孩子哭闹时，妈妈会不知不觉地使用母乳来哄孩子。这样一来，容易造成小儿肥胖的隐忧，对饮食习惯也会产生不良影响，建议妈妈们深思熟虑。

黄花鱼豆腐羹

材料
黄花鱼肉50克、豆腐55克、马铃薯40克、水2杯。

做法
1. 黄花鱼肉用开水汆烫后再用冷水洗净，去皮、拔刺后以0.2厘米的大小切碎。
2. 豆花以0.3厘米的大小切细块，马铃薯削皮后切碎。
3. 在锅里放入马铃薯和2杯水煮一会儿，待水减到1杯容量后，倒入搅拌机里搅拌，再重新把搅拌好的马铃薯放到锅里。
4. 放入黄花鱼肉后一边煮一边搅拌，待粥量减到半杯左右，放入豆花再煮一会儿。

point

黄花鱼用开水汆烫后再进行烹调，就可以轻易地去除鱼鳞和异物，且腥味也会变淡，这样做孩子更容易接受。

cooking diary

makes
7个月：每餐50毫升，准备2餐的量。
9个月：每餐100毫升，准备1餐的量。

cooking time
准备15分钟、
烹调15分钟。

storage
冷藏室中的保存时间约为12小时，冷冻室中的保存时间约为24小时。

nutrition facts
总热量：40.25千卡
碳水化合物：4.72克
蛋白质：3.52克
脂肪：0.81克

mineral & vitamin
钙
铁
烟酸

体力不是与生俱来的，它易受环境的影响，即使是身体虚弱的孩子，只要坚持做增加体力的运动，就可以防止疾病的侵袭，健康成长。

鲑鱼香蕉粥

材料
泡开的大米100克、鲑鱼60克、香蕉60克。

做法
1. 鲑鱼以0.2厘米的大小切碎，泡开的米用研钵捣碎。
2. 香蕉剥皮后切碎备用。
3. 在锅里放入泡开的米和水，用中火煮一会儿，待粥变得浓稠后，放入捣碎的香蕉，一边煮一边搅拌。

point

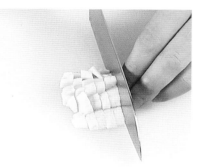

香蕉容易引起褐变，建议在进行烹调前用叉子捣碎或用筛子过滤。

nutrition tips

鲑鱼富含蛋白质、脂质、维生素和无机质，而且含有大脑发育所需的DHA，具有提高集中力和记忆力的效果。孩子满9个月后，开始将鲑鱼放入粥里，并逐渐用于米饭或烤菜等料理当中。

cooking diary

makes
7个月：每餐50毫升，准备2餐的量。
9个月：每餐100毫升，准备1餐的量。

cooking time
准备10分钟、烹调15分钟。

storage
冷藏室中的保存时间为12小时，冷冻室中的保存时间为24小时。

nutrition facts
总热量：71.98千卡
碳水化合物：11.99克
蛋白质：4.97克
脂肪：0.46克

mineral & vitamin
烟酸
叶酸

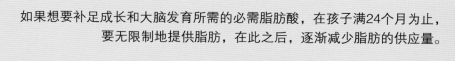

如果想要补足成长和大脑发育所需的必需脂肪酸，在孩子满24个月为止，要无限制地提供脂肪，在此之后，逐渐减少脂肪的供应量。

比目鱼糯米粥

材料
泡开的米15克（1大匙）、比目鱼20克、水1.5杯。

做法
1. 比目鱼用开水汆烫，去皮后以0.2厘米的大小切碎。
2. 泡开的米放入研钵里捣碎后再倒入锅里，加入半杯水炒到米粒变得透明为止。
3. 倒入剩余的1杯水煮一会儿，放入比目鱼慢慢煮，煮到米粒全熟、粥变得浓稠为止。

point

捣磨的米炒得通透后，再放入比目鱼肉，熬出浓稠的粥。

nutrition tips

脂肪含量低、蛋白质含量高的比目鱼不含腥味，而且肉质柔嫩，是断乳食的不二选择。取其嫩肉捣碎后用于熬粥，鱼肉入口即化，孩子非常喜欢吃。

cooking diary

makes
7个月：每餐50毫升，准备2餐的量。
9个月：每餐100毫升，准备1餐的量。

cooking time
准备15分钟、烹调15分钟。

storage
冷藏室中的保存时间约为12小时，冷冻室中的保存时间约为24小时。

nutrition facts
总热量：82.97千卡
碳水化合物：12.34克
蛋白质：5.86克
脂肪：1.13克

mineral & vitamin
维生素B_5
泛酸
烟酸
维生素D

制作断乳食时，要注意烹调工具的卫生安全，尤其是砧板。另外准备肉类和海鲜类专用砧板，使用后必须清洗干净。妈妈要记得积极进行杀菌消毒工作。

10~12
后期断乳食
months

这一时期的宝宝可以和大人一起用餐, 开始提供一日三餐。
此时的宝宝几乎可以接受所有食品, 但仍需要避免提供坚硬
的食品、又辣又咸的刺激性调味料。
这个时期要让孩子早日熟悉汤匙的使用法,
以便让他自己来支配食量。

10~12个月的孩子应该······

● 有的可以在大人的搀扶下走路，而发育较快的孩子可以自己走路。

● 乐于自己抓着汤匙吃饭，尽管并不是那么熟练。

● 手眼协调性已经很好了，能够将球放在网子里，也能堆积1~2个积木。

● 语言能力快速发展，能够说出"爸爸"、"妈妈"等一两个单词。

● 对同龄儿童表示关心。

后期断乳食，应该这么做！

＊摄入富含蛋白质的食物

在继续提供母乳的情况下，还应喂孩子吃富含蛋白质的断乳食。如果是提供奶粉，一天就准备600毫升，其余的部分就用断乳食来补充。孩子满12个月开始，就应该逐渐戒掉奶瓶。孩子满12个月后，也就可以喝鲜奶。

＊＊一日三餐制的进餐安排

此时的孩子几乎可以接受所有的食物，可以和大人同时进餐，但是坚硬的食物、又辣又咸的刺激性调味料等还是不适宜过早出现在孩子的餐桌上。因此妈妈们也要注意断乳食的选择。愉快、轻松的家庭就餐氛围也能让孩子喜欢上食物，享受就餐的过程。

＊＊＊培养孩子正确的进餐时间观念

到了后期，孩子已经习惯了大多数食品，喂孩子吃断乳食不会花费太多的时间。不过孩子不吃断乳食，而是在一旁玩耍时，应说"不吃了"，然后果断地收拾餐桌。妈妈有必要通过果断的行动来告诉孩子，用餐时间都是固定的，让孩子有正确的时间观念。这一时期，孩子可以集中精神吃饭的时间也就是20~30分钟左右，妈妈要抓紧时间利用好孩子的注意力。

如何正确地选择断乳食材料?

* 孩子已经可以接受米饭

孩子满10个月左右时，可以吃以米粒为主的稠粥，孩子满周岁时就可以吃米饭。由于孩子目前的食量较少，与其分开准备米饭和菜肴，倒不如在粥或米饭里放肉类、蔬菜等材料，为孩子提供丰富的营养素。为了让孩子吸收充足的营养素，每餐都需要增加食量，练习提高消化吸收的能力。

** 制作营养素全面均衡的断乳食

孩子满周岁前，一天所需的50%～60%的热量就从母乳或奶粉中吸收。因此，一天应该提供600毫升的母乳或奶粉，分三次喂孩子喝。这个时期，母乳或奶粉的比重逐渐减少，断乳食的比重逐渐增加，因此在制作断乳食时，要用心准备，尽量能够全面均衡地摄入碳水化合物、蛋白质、脂肪、维生素、矿物质等多种营养素。

*** 培养孩子自己吃饭的习惯

这个时期的孩子手脚灵活性已经很好了，妈妈们可以提供一些饼干、点心，让孩子可以用手抓着吃，还可以提供水果、煮熟的蔬菜、儿童饼干等，这样不仅有助于成长，促进大脑发育，而且还能还能提高孩子对食物的兴趣和培养孩子自己吃饭的习惯。这时让孩子自己使用汤匙，让他们自己调整食量。

**** 从大人的食物中改变烹调方式来制作断乳食

当孩子开始吃饭时，大人偶尔会厌倦另外准备断乳食，这时就会在大人喝的汤里拌饭或把大人食用的菜肴清洗一次后直接喂孩子吃。但是，大人的食物口味一般都会比较重，不适宜孩子食用，因此要尽量避免这些食品与孩子接触。但可以在准备大人的餐点，即制作汤或菜肴时在未加入调味料前，取出一些作为孩子的食品，就无需另外准备断乳食，省事又省力。

牛肉地瓜粥

材料
泡开的大米100克、牛肉50克、地瓜45克。

做法
1. 牛肉去除牛筋和脂肪后，以0.3厘米的大小切碎，地瓜削皮后根据牛肉的大小切碎，并浸泡在冷水里。
2. 在锅里倒入3大匙水，炒一炒牛肉后放入泡开的米，炒到米粒变得通透为止。
3. 待米粒变得透明后，倒入剩余的水煮一会儿后放入地瓜，用中火煮到粥变得浓稠为止。

point

1. 牛肉宜采用没有脂肪的瘦肉，清除牛筋才有益于消化吸收。

2. 牛肉和米粒一起炒，有效防止牛肉结成块状，而且肉汁与米粒会融为一体，香浓可口。

makes
10个月：每餐100毫升，准备1餐的量。
12个月：每餐100毫升，准备1餐的量。

cooking time
准备5分钟、烹调15分钟。

storage
冷藏室中的保存时间为12小时，冷冻室中的保存时间为24小时。

nutrition facts
总热量：116.79千卡
碳水化合物：21.58克
蛋白质：4.40克
脂肪：1.43克

mineral & vitamin
钙
铁
β-胡萝卜素
钾

nutrition tips

熬粥时，用肉汤代替水，不仅味道香浓，而且营养也翻倍了。在粥里放入肉类时应该切碎，肉汤要清除油渍后再开始使用。

cooking diary

....

....

....

....

....

....

....

....

....

....

宝宝断乳食最好准备一两次的食用量，及时制作、及时开始食用。剩余的断乳食可以保存在冰箱里，保存时间不宜超过两天。

牛肉胡萝卜粥

材料
泡开的米80克、胡萝卜40克、牛肉50克。

做法
1. 胡萝卜削皮后切成薄片，再切成丝用冷水清洗一次。
2. 牛肉切碎后用纸巾按压，清除血水。
3. 在锅里放入泡开的米、胡萝卜、碎牛肉炒一炒后倒入水用大火煮。
4. 煮开后改用小火煮一会儿后，待粥渐熟后关火，盖上锅盖焖5分钟。

point

牛肉切碎后可用纸巾按压，以便去除血水。如果直接购买碎牛肉，肉质油腻。因此，建议购买肉块，捣碎后再进行烹调。

makes
10个月：每餐100毫升，准备1餐的量。
12个月：每餐100毫升，准备1餐的量。

cooking time
准备5分钟、烹调25分钟。

storage
冷藏室中的保存时间约为12小时，冷冻室中的保存时间约为24小时。

nutrition facts
总热量：87.77千卡
碳水化合物：15.60克
蛋白质：3.89克
脂肪：1.09克

mineral & vitamin
叶酸
β-胡萝卜素

食用多量的钙质，并不代表体内吸收量也相同。钙质的吸收也需要维生素D的协助，只要我们多晒太阳，体内会自然合成维生素D。

秀珍菇粥

材料
泡开的米20克（1大匙）、秀珍菇20克、水1.5杯。

做法
1. 秀珍菇以0.2厘米的大小切碎。
2. 在锅里放入泡开的米、秀珍菇、水后用大火煮。
3. 待水煮开后改用小火，煮到米粒全熟为止。
4. 盖上锅盖焖5分钟。

point

在锅里放入泡开的米、秀珍菇碎、水后用大火煮一会儿，再改用小火煮到米粒全熟为止，重要的是慢慢熬。

nutrition tips

颜色鲜亮的菌菇类新鲜又可口，遇水后会立刻变软，颜色变浅，新鲜度会迅速下降，建议清洗后立刻开始使用。

cooking diary

makes
10个月：每餐100毫升，准备1餐的量。
12个月：每餐100毫升，准备1餐的量。

cooking time
准备10分钟、烹调20分钟。

storage
冷藏室中的保存时间约为12小时，冷冻室中的保存时间约为24小时。

nutrition facts
总热量：75.14千卡
碳水化合物：16.74克
蛋白质：1.82克
脂肪：0.10克

mineral & vitamin
钾
维生素B$_1$
烟酸

若胡萝卜、豌豆等食品完整地出现在粪便里，是由于孩子未经咀嚼，直接吞咽的缘故，妈妈们不必担心，这并不意味着消化、吸收过程存在问题。

起司糯米饭

材料
泡开的糯米20克（1.5大匙）、儿童起司（起司片）半片、黄豆芽10克、水1.5杯。

做法
1. 起司就以0.5厘米的大小切块，泡开的糯米去除水分。
2. 黄豆芽洗净后在冷水里浸泡10分钟左右，去除水分后以0.5厘米的大小切块。
3. 在锅里放入糯米和3大匙的水，炒一会儿后放入黄豆芽和剩余的水慢慢煮。
4. 起先用大火煮，随后改用小火煮到米粒全熟为止。待粥渐熟后关火，盖上锅盖焖5分钟后放上起司，待起司融化后均匀地搅拌。

point

黄豆芽放到清水里，轻轻搅拌洗净后，放在筛子上去除水分。

nutrition tips

起司是高蛋白、高钙、高脂肪食品，富含孩子成长所需的各种营养成分。儿童起司也含有少量盐分，避免孩子直接食用起司。与其作为点心，不如作为菜肴。

cooking diary

makes
10个月：每餐100毫升，准备1餐的量。
12个月：每餐100毫升，准备1餐的量。

cooking time
准备15分钟、烹调20分钟。

storage
冷藏室中的保存时间约为12小时，冷冻室中的保存时间约为24小时。

nutrition facts
总热量：117.96千卡
碳水化合物：16.73克
蛋白质：4.94克
脂肪：3.48克

mineral & vitamin
钙
钾
烟酸
铁

孩子使用的碗筷不用天天用开水煮，不过可经常用热水消毒。
最需要注意的一点是，妈妈在进行烹调前，必须把手洗干净。

鸡肉牛蒡粥

材料
泡开的米95克、鸡柳55克、牛蒡45克。

做法
1.鸡柳去除薄膜、筋和脂肪后以0.3厘米的大小切碎。
2.牛蒡削皮后以0.2厘米的大小切碎。
3.在锅里放入泡开的米、切碎的鸡柳和牛蒡炒一炒。
4.待米粒变得透明后倒入水，用中火慢慢煮，待水缩得所剩无几了就关火，盖上锅盖焖5分钟。

point

1.鸡柳含有薄膜、筋和脂肪，如果不清除这些部位，就不易切开，且更加不易消化。

2.牛蒡用醋煮一会儿后再清洗，不但可以防止褐变，还能赶走涩涩的味道和不易消化的成分。

cooking diary

....

....

....

....

....

....

....

makes
10个月：每餐100毫升，准备1餐的量。
12个月：每餐100毫升，准备1餐的量。

cooking time
准备10分钟、烹调20分钟。

storage
冷藏室中的保存时间为12小时，冷冻室中的保存时间为24小时

nutrition facts
总热量：98.84千卡
碳水化合物：18.04克
蛋白质：6.28克
脂肪：0.18克

mineral & vitamin
维生素B$_2$
维生素E
磷
钾

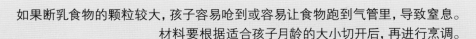
如果断乳食物的颗粒较大，孩子容易呛到或容易让食物跑到气管里，导致窒息。
材料要根据适合孩子月龄的大小切开后，再进行烹调。

包菜甜椒粥

材料
泡开的米65克、包菜30克、青椒50克、红椒50克。

做法
1. 包菜和甜椒以0.3厘米的大小切碎。
2. 在锅里放入泡开的大米、包菜和水，待粥煮开后再改用小火。
3. 待水缩得所剩无几时，放入红椒煮一会儿，再盖上锅盖焖一会儿，最后放入青椒搅拌。

point

红椒即使烹调后也不易变色，但是青椒易变色且维生素成分易受损，因此建议最后才开始使用，轻轻煮熟最佳。

makes
10个月：每餐100毫升，准备1餐的量。
12个月：每餐100毫升，准备1餐的量。

cooking time
准备15分钟、烹调20分钟。

storage
冷藏室中的保存时间约为12小时，冷冻室中的保存时间约为24小时。

nutrition facts
总热量：72.20千卡
碳水化合物：16.13克
蛋白质：1.55克
脂肪：0.17克

mineral & vitamin
钙
钾
β–胡萝卜素
维生素B$_1$

纵使孩子的粪便异常，也不宜随便使用药物。妈妈们有时会以汉方药为常备药，其实经常喂孩子吃汉方药，是错误的对策。

莲藕西兰花粥

材料
泡开的米20克（1.5大匙）、莲藕15克、西兰花10克、水1.5杯。

做法
1. 莲藕削皮后以0.2厘米的大小切碎，浸泡在冷水里。
2. 西兰花用开水氽烫后再用冷水清洗，以0.3厘米的大小切碎。
3. 莲藕放入锅中拌炒，再放入泡开的米，炒到米粒变得透明为止，再倒入水用大火煮一会儿后改用小火，待米粒全熟后关火，盖上锅盖焖5分钟。

point

西兰花用开水氽烫后，再用冷水清洗，以减少营养成分的流失。

makes
10个月：每餐100毫升，准备1餐的量。
12个月：每餐100毫升，准备1餐的量。

cooking time
准备15分钟、烹调25分钟。

storage
冷藏室中的保存时间约为12小时，冷冻室中的保存时间约为24小时。

nutrition facts
总热量：84.42千卡
碳水化合物：18.50克
蛋白质：2.20克
脂肪：0.18克

mineral & vitamin
钙
钾
β-胡萝卜素
维生素C

孩子的打呼症状严重，表示扁桃腺偏大，建议更换枕头或脖子的位置。若呼吸依然不畅通，就应该到医院就诊。

胡萝卜黑豆粥

材料
泡开的米20克（1.5大匙）、胡萝卜10克、泡开的黑豆和煮熟的豌豆各5克、水1.5杯。

做法
1. 泡开的黑豆用开水煮一次后用冷水清洗，再重新煮熟，切碎。
2. 煮熟的豌豆剥开薄皮后以0.3厘米的大小切碎，胡萝卜也根据豌豆的大小切碎。
3. 在锅里放入泡开的米、黑豆、豌豆、胡萝卜、水煮开后，再改用小火。待粥渐熟后，一边煮一边搅拌，煮熟后关火，盖上锅盖焖5分钟。

point

如果豆类未煮熟，豆中的皂角苷成分容易导致孩子腹泻。煮开一次后，再重新煮熟，也是一种解决方法。豆类与生米的煮熟速度不同，若是一起煮有可能熟得不彻底，豆类必须在煮熟后使用。

nutrition tips

豆类富含大量的植物蛋白，具有降低胆固醇含量的效果，也能有效预防心血管疾病。豆类对于孩子来说比较坚硬，用于制作断乳食时，应先煮熟再进行烹调。

cooking diary

makes
10个月：每餐100毫升，准备1餐的量。
12个月：每餐100毫升，准备1餐的量。

cooking time
准备15分钟、烹调25分钟。

storage
冷藏室中的保存时间约为12小时，冷冻室中的保存时间约为24小时。

nutrition facts
总热量：97.23千卡
碳水化合物：18.53克
蛋白质：3.47克
脂肪：1.03克

mineral & vitamin
钙
钾
烟酸

孩子房间的照明不宜过暗，也不宜过亮，亮度适宜最佳。
在孩子满2岁前，建议不要让他观看刺激性照明或电视画面。

鲜虾蒸菜粥

材料
泡开的米20克（1.5大匙）、鲜虾肉和煮熟的蒸菜各准备10克、水1.5杯。

做法
1. 鲜虾肉用盐水摇晃洗净后以0.3厘米的大小切碎。
2. 在锅里放入泡开的米、鲜虾肉、水后开火，煮开了就改用小火。
3. 煮熟的蒸菜在冷水里浸泡10分钟左右后，去除水渍以0.3厘米的大小切碎。
4. 待水量减半后，放入蒸菜，一边搅拌一边煮，米粒全熟后关火焖5分钟。

point

首次食用蒸菜的孩子有可能产生腹泻，建议先用开水烫一烫后在冷水里浸泡10分钟左右，随后再使用。

nutrition tips
蒸菜比菠菜坚硬，但铁含量更高，适宜与鲜虾搭配。蒸菜茎部较硬，可剥开皮后使用，或者直接取其嫩叶使用。

cooking diary

makes
10个月：每餐100毫升，准备1餐的量。
12个月：每餐100毫升，准备1餐的量。

cooking time
准备15分钟、烹调25分钟。

storage
冷藏室中的保存时间约为12小时，冷冻室中的保存时间约为24小时。

nutrition facts
总热量：76.88千卡
碳水化合物：15.93克
蛋白质：3.09克
脂肪：0.09克

mineral & vitamin
钙
钾
磷
烟酸

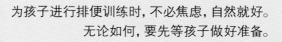
为孩子进行排便训练时，不必焦虑，自然就好。
无论如何，要先等孩子做好准备。

豆腐牛肉饭

材料
泡开的米150克、豆腐90克、牛肉80克。

做法
1. 豆腐以0.5厘米的大小切碎。
2. 在锅里放入碎牛肉、水，等煮开后放入泡开的米转用中火煮。
3. 待米粒煮熟后，放入豆腐，用小火一边煮一边搅拌，煮熟后关火焖5分钟。

point

牛肉与水一起煮，待肉煮熟、肉汤熬出来后，放入泡开的米。这样一来，香浓的肉汁与米粒融为一体，味道更加可口。

nutrition tips

肉类最重要的就是新鲜度。购买时，牛肉就挑选褐色或淡红色，猪肉就挑选色泽鲜亮、富有弹力且不含脂肪的部位，鸡肉则要挑选淡黄色、富有光泽的部分。

cooking diary

....

....

....

....

....

....

....

....

....

makes
10个月：每餐100毫升，准备1餐的量。
12个月：每餐100毫升，准备1餐的量。

cooking time
准备15分钟、烹调25分钟。

storage
冷藏室中的保存时间约为12小时，冷冻室中的保存时间约为24小时。

nutrition facts
总热量：110.55千卡
碳水化合物：15.86克
蛋白质：6.04克
脂肪：2.55克

mineral & vitamin
钙
钾
烟酸

妈妈都在担心孩子是否有健康成长吧? 睡眠充足的孩子会健康成长，白天吃足玩好，夜晚自然也就有香浓的睡意了。

包菜鸡蛋汤

材料
包菜40克、蛋黄2个。

做法
1. 包菜切碎，倒入水煮熟后捞出来。
2. 在煮熟的包菜里放入蛋黄均匀地搅拌。
3. 在锅里倒入水，煮开后慢慢地放入与包菜搅拌的蛋黄，一边煮一边搅拌。
4. 煮沸后关火去除泡沫，盛碗即可。

point

蛋黄需要与捣碎的包菜均匀地搅拌。包菜粗硬的菜心应丢掉，挑选嫩叶开始使用。

nutrition tips

为成长期的孩子提供蛋黄，可以强健基础体力。蛋黄富含孩子成长所需的必需氨基酸，但是不宜过多提供，一周提供3～4个左右最佳。

cooking diary

....

....

....

....

....

....

....

....

makes
10个月：每餐100毫升，准备1餐的量。
12个月：每餐100毫升，准备1餐的量。

cooking time
准备5分钟、烹调15分钟。

storage
冷藏室中的保存时间为12小时。

nutrition facts
总热量：345.30千卡
碳水化合物：3.12克
蛋白质：15.75克
脂肪：29.98克

mineral & vitamin
钙
钾
磷
维生素B$_2$

如果孩子患有蛋黄过敏症，在接受流行感冒疫苗时，妈妈应该先向医生说明症状，因为疫苗是由鸡蛋培养制造的。

金针菇白菜汤

材料

金针菇1/3袋、白菜心20克（1叶）、太白粉1小匙、水1.5杯、香油半小匙。

做法

1. 金针菇和白菜心以0.5厘米的大小切碎。
2. 在锅里放入金针菇、白菜心、水开大火煮开后，再用小火慢慢煮到汤汁减半为止。
3. 太白粉和1小匙水均匀地搅拌后倒入白菜汤里，待汤汁变得浓稠后，倒入香油再煮一会儿。

point

1. 白菜富含纤维质，维持长久的蒸煮时间，才可以煮嫩。

2. 太白粉与1小匙水均匀地搅拌，待汤汁煮开后再均匀地倒入锅里，这样做，淀粉就不会结成块状，便能均匀地分散开来。

makes
10个月：每餐100毫升，准备1餐的量。
12个月：每餐100毫升，准备1餐的量。

cooking time
准备5分钟、烹调15分钟。

storage
冷藏室中的保存时间为12小时。

nutrition facts
总热量：46.91千卡
碳水化合物：5.04克
蛋白质：1.56克
脂肪：2.13克

mineral & vitamin
钾
钙
磷
维生素C

如果想要强健孩子的基础体力，每餐都要提供少量蛋白质，脂肪含量低的牛肉或剥皮的鸡肉是非常合适的食材。

丝瓜粳米泥

材料
粳米粉20克（1大匙）、丝瓜20克、水半大匙。

做法
1. 丝瓜削皮后，用圆切法取其瓜籽以外的嫩瓜肉，以0.5厘米的大小切碎。
2. 在粳米粉中洒点水后用筛子过滤，与丝瓜均匀地搅拌。
3. 把它放入带有蒸气的蒸锅里，蒸到丝瓜彻底变软为止。

point

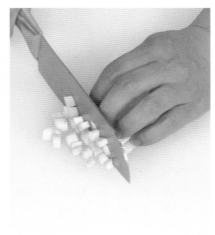

为了让孩子享受方便的用餐快感，丝瓜削皮后，用圆切法取其柔嫩的瓜肉开始使用。

cooking diary

makes
10个月：每餐100毫升，准备1餐的量。
12个月：每餐100毫升，准备1餐的量。

cooking time
准备5分钟、烹调20分钟。

storage
冷藏室中的保存时间约为12小时，冷冻室中的保存时间约为24小时。

nutrition facts
总热量：72.64千卡
碳水化合物：16.28克
蛋白质：1.70克
脂肪：0.08克

mineral & vitamin
钾
β-胡萝卜素
维生素B$_1$
磷

吸收大量的脂肪与大脑健康具有密切的关系。值得注意的是，植物油富含不饱和脂肪，具有强化记忆力、活化大脑活动的功效。

马铃薯起司泥

材料

马铃薯80克、起司片半片、胡萝卜5克、丝瓜15克、清水2杯。

做法

1. 马铃薯削皮后按适宜的大小切碎，倒入1.5杯水用大火煮。待汤浓缩后关火，用筛子摇碎煮熟的马铃薯或直接捣碎。

2. 胡萝卜以0.3厘米的大小切碎，丝瓜就用圆切法取其柔嫩的果肉，根据胡萝卜的大小切碎后放入锅里，倒入半杯水用小火慢慢煮。

3. 在锅里放入切碎的马铃薯和起司、胡萝卜、丝瓜均匀地搅拌到起司融化为止。

point

如果提前放入起司，味道和香气就会消失，因此要最后再派上场，而且要一边搅拌一边融化，以免飘出糊味。

nutrition tips

马铃薯富含碳水化合物、维生素B群、钾等营养素，但是其蛋白质和脂肪含量低，因此与起司搭配使用，即可补充不足的蛋白质和脂肪。也可以使用比马铃薯更加香甜、富含膳食纤维的地瓜。

cooking diary

makes

10个月：每餐100毫升，准备1餐的量。
12个月：每餐100毫升，准备1餐的量。

cooking time

准备5分钟、烹调15分钟。

storage

冷藏室中的保存时间约为12小时，冷冻室中的保存时间约为24小时。

nutrition facts

总热量：89.31千卡
碳水化合物：12.86克
蛋白质：3.07克
脂肪：2.85克

mineral & vitamin

钾
钙
维生素A
维生素B$_{12}$

直接喂孩子喝生水可以吗? 无论是多好、多纯净的生水，只要是孩子喝的水都应该在煮开放凉后再提供，以免后患无穷。

蒸豆腐苹果

材料

嫩豆腐80克、苹果30克、牛肉10克、水1杯。

做法

1. 嫩豆腐放在筛子上沥干后以1厘米的大小切块，苹果削皮后以0.2厘米的大小切碎。
2. 把碎牛肉放入锅里炒一炒后，再放入嫩豆腐、苹果、水开始煮。
3. 改用中火如焖豆腐一样慢慢焖，待汤汁所剩无几时关火即可。

嫩豆腐易碎，进行烹调时不宜多次搅拌。

makes
10个月：每餐100毫升，准备1餐的量。
12个月：每餐100毫升，准备1餐的量。

cooking time
准备5分钟、烹调15分钟。

storage
冷藏室中的保存时间约为12小时，冷冻室中的保存时间约为24小时。

nutrition facts
总热量：71.85千卡
碳水化合物：5.38克
蛋白质：6.17克
脂肪：2.85克

mineral & vitamin
维生素A
维生素C
叶酸
钾

长期未放下奶瓶的孩子，一般不擅长咀嚼食物，而是习惯性地直接吞咽。待孩子开始长乳牙了，就制作一些含有一定块状的食品，让孩子练习咀嚼的方法。

蒸鳕鱼蛋黄

材料
鳕鱼肉20克、蛋黄1个、水半杯。

做法
1. 清理鳕鱼肉时，去除所有残余的小刺，切成略大的块状，放在纸巾上沥干。
2. 在蛋黄中倒入水均匀地搅拌后用筛子过滤。
3. 把鳕鱼肉和鸡蛋水放到碗里，摆放到冒着蒸汽的蒸锅里蒸8分钟左右。

point

蒸蛋用微波炉制作当然方便快捷，但放在蒸锅里用小火隔水加热，蛋黄就不会浮上来，而且口感更柔嫩。

cooking diary

makes
10个月：每餐100毫升，准备1餐的量。
12个月：每餐100毫升，准备1餐的量。

cooking time
准备5分钟、烹调10分钟。

storage
冷藏室中的保存时间为12小时。

nutrition facts
总热量：79.60千卡
蛋白质：6.40克
脂肪：6.00克

mineral & vitamin
维生素A
铁
钾

当孩子生病时，妈妈应该禁止根据自己的判断擅自用药，要了解无专业医学知识下用药并不科学，这时必须带孩子到医院就诊，根据医生的处方提供药物。

焗香蕉豆腐

材料
香蕉30克、豆腐20克、儿童起司（起司片）1/4片。

做法
1. 香蕉剥皮后以1厘米的大小切块。
2. 豆腐用筛子捣碎，起司以0.5厘米的大小切碎。
3. 把香蕉、豆腐、起司均匀地搅拌好后，放在焗菜专用容器里，放到微波炉里微波3分钟左右，或在以180℃预热的烤箱里烤10分钟左右，待表面泛黄后取出来。

point

如果豆腐在切块后进行烹调，煮熟了会变得坚硬，而且会与其他材料分开，建议用筛子摇碎。

makes
10个月：每餐100毫升，准备1餐的量。
12个月：每餐100毫升，准备1餐的量。

cooking time
准备5分钟、烹调15分钟。

storage
冷藏室中的保存时间约为12小时，冷冻室中的保存时间约为24小时。

nutrition facts
总热量：65.70千卡
碳水化合物：6.61克
蛋白质：3.61克
脂肪：2.76克

mineral & vitamin
钙
磷
钾
维生素A

孩子便秘时，可多提供富含纤维素的水果和蔬菜，但也不能因此而过量食用，容易引起肠炎。

西兰花意大利炖饭

材料

米饭40克（2.5大匙）、西兰花15克、牛奶1/4杯、清水1.5杯。

做法

1. 西兰花以0.5厘米的大小切碎，用开水煮嫩后再用冷水冲洗。
2. 在锅里放入米饭，倒入水，用大火煮开后改用小火，一边煮一边搅拌。
3. 待粥水所剩无几时，倒入牛奶均匀地搅拌后关火。
4. 在耐热容器里放入米饭后放上西兰花，放入微波炉里微波2分钟左右。

point

鲜奶提前放入，会导致蛋白质凝固，只会让味道大打折扣。烹调时，在最后阶段再放入牛奶，味道、营养双丰收。

nutrition tips

西兰花富含维生素C和矿物质，而且其维生素A含量高，具有强化黏膜抵抗力的作用，因此能有效阻挡感冒等细菌感染病症。喂孩子吃西兰花，可有效预防各种疾病。

cooking diary

makes
10个月：每餐100毫升，准备1餐的量。
12个月：每餐100毫升，准备1餐的量。

cooking time
准备5分钟、烹调15分钟。

storage
冷藏室中的保存时间约为12小时，冷冻室中的保存时间约为24小时。

nutrition facts
总热量：80.22千卡
碳水化合物：15.28克
蛋白质：2.71克
脂肪：0.92克

mineral & vitamin
钙
铁
钾
维生素C

在制作断乳食的烹饪工具中，刀和砧板应该分别准备肉类、海鲜类和水果类的专用用具，以确保卫生安全。

12~18
months

为了孩子的健康和维持均衡的体形以及形成正确的饮食习惯，在孩子2岁前就应该注重培养孩子的餐桌教育等。在这个时期形成的口味，会决定孩子一生的饮食习惯。妈妈们应该提供均衡的肉类、水果和蔬菜，并培养孩子追求平淡口味的饮食习惯。

满周岁后的孩子应该……

● 孩子满15个月后，能够自己走路，也能弯腰捡东西、蹲下起来。

● 双脚很灵活，可以用脚踢球，也能自己爬上楼梯。

● 对于五官和身体各部位有了更多的认识，能够熟练说出眼睛、鼻子、嘴巴等单词。

● 此时期的孩子活动量增加，个子的增长会比较明显，看起来变得苗条、强壮。

● 喜欢自己抓着蜡笔乱涂乱画，有的孩子还能依葫芦画瓢，画出图片的东西。

● 这时就会要赖，任何事情都想自己做。虽然比较生疏，但还是应该帮助孩子自己进行穿衣服、穿鞋子、洗手等一系列动作。

● 孩子这时的脾气比较固执，凡事都要为所欲为。

● 孩子可以自己翻书，也可以执行大人的吩咐。

应该怎么准备周岁后宝宝的食物？

＊逐步减少牛奶和乳制品的喂食量

这个时期的孩子，活动范围的增大和活动量的增加，身体对于营养的需求非常大，仅仅是牛奶和乳制品已经完全不能满足了，必须要提供全面均衡的各种食物。一天提供500毫升的牛奶即可，牛奶降级到点心的位置，要让固体状食品升级到主食的位置。如果孩子长时间离不开奶瓶，而无法练习咀嚼的方法，就应在2～3岁加紧练习了，妈妈们要注意该问题，可以先为孩子制作米饭、盖饭或拌饭等一碗式料理，然后再把米饭和菜肴分开，慢慢让孩子适应大人的餐桌。

＊＊孩子不能直接吃大人的食物

孩子满周岁后，可以开始慢慢脱离断乳食，逐步形成一日三餐的饮食习惯。大人的食品对于孩子来说又辣又咸，带有浓厚的刺激性。孩子的食物目前还不宜添加调味料，应该崇尚食材本身的天然。

＊＊＊三餐两点制

满周岁的孩子一天应该摄取的总热量大约在1000千卡左右，应该通过一日三餐及两次的点心时间来摄取上述总热量。准备食谱时，应该均匀地分配5种食品类，在餐点之间，即上午和下午提供点心时，与其提供市面上的面包、饼干或饮料等食品，不如准备新鲜的时令水果、蔬菜和起司或酸牛奶等富含蛋白质的乳制品。虽然是提供一日三餐，但孩子的食量少，为了集合均衡的营养，应该通过点心来补充餐食上不足的营养素或食品量。

良好的饮食习惯十分重要

＊2岁前进行餐桌教育十分必要

为了塑造均衡的体型、健康的身体和正确的饮食习惯，必须重视2岁前的餐桌教育。在这个时期形成的口味，会决定孩子一生的饮食习惯。香甜、带有刺激性的饮料或饼干都应该尽量减少，让均衡的肉类、水果和蔬菜成为家里的常客。妈妈们应该尽量限制盐分偷偷地接触孩子，培养孩子追求平淡口味的饮食习惯。

＊＊孩子已经可以灵活使用汤匙

孩子满15个月左右，就可以使用汤匙了，但是还未到挥动自如的地步，大半数的孩子都会在餐桌上遗留下饭粒或菜肴。孩子用汤匙舀饭后，妈妈应夹菜放到米饭上，并帮助孩子把汤匙送到嘴边。妈妈要发挥指导作用，让孩子慢慢习惯这一整套连贯性动作。

洋菇牛肉饭

材料
泡开的米35克（2.5大匙）、洋菇15克、牛肉30克、香油少许、水2杯。

做法
1. 洋菇剥开伞盖的皮后以0.5厘米的大小来切碎，牛肉取其瘦肉切碎。
2. 在锅里倒入香油，放入牛肉翻炒，待牛肉炒熟后，放入泡开的米、洋菇，炒到米粒变得透明为止。
3. 在锅里倒入水，待粥煮开后改用小火，一边搅拌一边煮。待水量所剩无几时关火，盖上锅盖焖5分钟左右。

point

1. 洋菇剥皮后即可远离硬邦邦的感觉，让孩子享受柔嫩的口感。用菜刀慢慢刮皮，待皮往上翘时，轻轻用手剥开就可以了。

2. 先炒好香油、洋菇、米粒，让香油的香味渗透到材料里，那么洋菇就不易引起褐变，饭味也会更加香浓。

nutrition tips

制作米饭时，用肉汤代替清水更佳。制作牛肉汤料时，可以放入牛腩肉、洋葱、萝卜、大葱等食材，不仅让骚味烟消云散，味道也更加鲜香可口。肉汤可以用纱布过滤，或在放凉、捞出油渍后再食用。

cooking diary

....
....
....
....
....
....
....
....
....
....

makes
13个月：每餐100毫升，准备1餐半的量。
18个月：每餐150毫升，准备1餐的量。

cooking time
准备15分钟、烹调25分钟。

storage
冷藏室中的保存时间为12小时。

nutrition facts
总热量：189.94千卡
碳水化合物：27.99克
蛋白质：8.56克
脂肪：4.86克

mineral & vitamin
钾
烟酸
叶酸
β-胡萝卜素

在孩子满18个月左右时，尝试教孩子自己解决大小便。妈妈们不必为了与同龄孩子相比较，而提前给孩子施加压力。

紫菜萝卜饭

材料
泡开的大米95克、紫菜碎15克、去皮的胡萝卜60克、白萝卜55克。

做法
1. 紫菜洗净，放到筛子上沥干后切碎，胡萝卜和萝卜以0.3厘米的大小切碎。
2. 在锅里放入泡开的米、胡萝卜、萝卜、水开始煮，待水量减半后放入紫菜。
3. 用小火一边搅拌一边煮，煮到水量愈来愈少、米粒煮熟后关火，盖上锅盖焖5分钟左右。

point

紫菜撒上粗盐用力揉搓后，用清水冲洗，把异物清除干净。紫菜有可能会卡在孩子的喉咙里，建议切成碎末。

nutrition tips

紫菜与海苔、海带芽等海藻类一样，富含铁，而且其维生素A、C及钙质含量高。紫菜的营养成分惧怕高温，煮的时间太长就会让营养成分受损，建议在短时间内煮熟。

cooking diary

makes
13个月：每餐100毫升，准备1餐半的量。
18个月：每餐150毫升，准备1餐的量。

cooking time
准备15分钟，烹调25分钟。

storage
冷藏室中的保存时间为12小时。

nutrition facts
总热量：143.88千卡
碳水化合物：32.32克
蛋白质：3.32克
脂肪：0.20克

mineral & vitamin
铁
钙
钾
维生素C

咀嚼训练不仅代表正确的饮食习惯，而且对塑造灵活的大脑产生重要的影响，因为在咀嚼食品的过程中，可以均匀地使用下颌关节和舌头，能有效促进大脑发育。

芝麻酱菠菜拌饭

材料
米饭100克、菠菜30克、芝麻1大匙、清水2大匙、香油小半匙。

做法
1. 菠菜用开水汆烫后以0.2厘米的大小切碎。
2. 芝麻用磨粉机磨成粉后，与水和香油一起搅拌，以制作芝麻酱。
3. 在锅里放入米饭、碎菠菜、芝麻酱后均匀地搅拌。

point

芝麻均匀地磨成粉，为孩子打开方便食用之门。喂孩子吃芝麻时，必须先剥皮然后再炒，这样芝麻就不会卡在孩子的喉咙里。制作芝麻酱时，应该倒入水慢慢搅拌。

makes
13个月：每餐100毫升，准备1餐半的量。
18个月：每餐150毫升，准备1餐的量。

cooking time
准备15分钟、烹调25分钟。

storage
冷藏室中的保存时间为12小时。

nutrition facts
总热量：263.12千卡
碳水化合物：36.81克
蛋白质：5.75克
脂肪：7.32克

mineral & vitamin
钾
β–胡萝卜素
维生素C

如果食品切碎了，对营养素的破坏度会增加，与此相比，块状食品的营养素保存度高，孩子满周岁后，可以适当地喂孩子吃块状食品。

牛肉鸡蛋炒饭

材料
米饭100克、牛肉70克、蛋液60克、胡萝卜60克、洋葱35克。

做法
1. 牛肉清除牛筋和脂肪后切碎，鸡蛋打在碗里后去除卵带并均匀地搅拌。
2. 胡萝卜和洋葱以0.3厘米的大小切碎。
3. 在锅里放入碎牛肉和半杯水炒一会儿，待牛肉炒熟后倒入鸡蛋，用筷子搅拌后盛到碗里。
4. 在锅里放入洋葱和胡萝卜碎，倒入半杯水炒一会儿，放入米饭继续煮，等缩水后放入制作好的牛肉炒鸡蛋，关火后再倒入胡麻油均匀地搅拌。

point

对于刚满周岁的孩子来说，炒饭似乎有些硬，只要倒入少许水，炒得湿润一些，就更加柔软且易消化。

cooking diary

makes
13个月：每餐100毫升，准备1餐半的量。
18个月：每餐150毫升，准备1餐的量。

cooking time
准备15分钟、烹调25分钟。

storage
冷藏室中的保存时间为12小时。

nutrition facts
总热量：224.10千卡
碳水化合物：29.47克
蛋白质：11.39克
脂肪：6.74克

mineral & vitamin
钾
钙
磷
铁

等孩子满周岁、可以开始走路时，就紧紧抓住孩子的手，练习走路的方法。如此可以培养孩子的兴趣和好奇心。

嫩南瓜豆腐饼

材料

嫩南瓜100克、嫩豆腐90克、面粉100克、葡萄籽油少许。

做法

1. 嫩南瓜洗净后去除瓜籽和瓜皮，用圆切法取其果肉以1厘米的大小切丝。
2. 嫩豆腐用水清洗一次后去除水渍，用筷子夹碎。
3. 把南瓜丝、嫩豆腐、面粉放到一起，均匀地搅拌。
4. 锅里倒入葡萄籽油，以3厘米的半径为煎饼大小，制作煎饼。

point

为孩子准备煎饼时，应该按照适合孩子食用的大小来煎，而且不可经常翻来覆去，待一面全熟后再翻过来，这样才可以让味道更好。

cooking diary

makes

13个月：每餐100毫升，准备1餐半的量。
18个月：每餐150毫升，准备1餐的量。

cooking time

准备15分钟、烹调25分钟。

storage

冷藏室中的保存时间为12小时。

nutrition facts

总热量：129.53千卡
碳水化合物：12.92克
蛋白质：5.13克
脂肪：6.37克

mineral & vitamin

钾
钙
维生素A

绘本是刺激孩子好奇心的好教材。多彩丰富的颜色，动物、自然、人类等多种角色登场的书籍是最佳选择。

鱿鱼蔬菜饼

材料
鱿鱼50克、香葱和胡萝卜各10克、鸡蛋半个、面粉20克（2大匙）、水3大匙、葡萄籽油1小匙。

做法
1. 鱿鱼剥皮后以0.3厘米的大小切碎。
2. 香葱剥皮后切碎，胡萝卜也同样切碎。
3. 在碗里放入鱿鱼、香葱、胡萝卜、鸡蛋、面粉，加水后搅拌，然后在锅里一匙一匙地煎成圆形。

point

鱿鱼是营养成分丰富，但不易消化吸收的代表性食品。鱿鱼必须在剥皮切碎后再使用。

makes
13个月：每餐100毫升，准备1餐半的量。
18个月：每餐150毫升，准备1餐的量。

cooking time
准备15分钟、烹调25分钟。

storage
冷藏室中的保存时间约为12小时，冷冻室中的保存时间约为24小时。

nutrition facts
总热量：237.44千卡
碳水化合物：16.38克
蛋白质：19.31克
脂肪：10.52克

mineral & vitamin
钙
叶酸
钾
磷

即使孩子自己使用汤匙，把餐桌弄得乱七八糟，也要支持孩子实现自我。这是孩子自己学习调整营养摄取量地重要过程。

酱苹果鸡肉

材料
苹果70克、鸡柳90克、水1.5杯、橄榄油半小匙。

做法
1. 苹果削皮后，切碎待用。
2. 鸡柳在清除表面的薄膜后，以1厘米的大小切成方块。
3. 在锅里放入苹果泥、水、橄榄油后开始煮，待它煮开后再放入鸡柳。
4. 先用大火煮开，随后改用中小火，煮到鸡肉都煮熟、汤汁缩到所剩无几。

point

放入苹果泥、水、橄榄油一起煮，待它煮开后放入鸡柳，用中小火慢慢煮，让汤汁渗透到鸡肉里，即使不放食盐或蔗糖，味道也不会让人失望。

nutrition tips

苹果具有促进消化的功效，与肉类搭配使用，就不用担心肠胃发育不良的孩子会不舒服。苹果和鸡肉或猪肉融合的味道会非常协调。

cooking diary

makes
13个月：每餐100毫升，准备1餐半的量。
18个月：每餐150毫升，准备1餐的量。

cooking time
准备15分钟、烹调25分钟。

storage
冷藏室中的保存时间为12小时。

nutrition facts
总热量：123.14千卡
碳水化合物：12.64克
蛋白质：11.89克
脂肪：2.78克

mineral & vitamin
钾
β-胡萝卜素
叶酸

按摩具有促进身体发育、刺激大脑的功效。开启优美的音乐，让孩子保持躺的姿势，眼睛与孩子对视，按照胳膊、手、胸部、腿、脚的顺序，温柔地帮孩子按摩。

猪肉杂菜盖饭

材料
米饭50克（3匙）、里脊肉30克、胡萝卜和干香菇各5克，烫好的菠菜和粉条各10克、香油小半匙、水1杯。

做法
1. 猪肉去除筋部和脂肪后以2厘米的长度切丝。胡萝卜削皮后按照猪肉的大小切丝。
2. 菠菜烫好后用冷水冲洗，并以0.5厘米的长度切丝，干香菇浸泡在热水里，待它变得柔软后按照胡萝卜的长度切丝。
3. 粉条放到温水里浸泡半个小时左右后，放入开水煮熟，用筛子捞出后以2厘米的长度切丝。
4. 在锅里倒入水煮开后，放入猪肉、胡萝卜煮熟，再放入粉条、菠菜、干香菇均匀地搅拌。
5. 待汤汁减少后关火，倒入香油后盛到米饭上。

point

1. 猪柳部位的肉质柔嫩，脂肪和筋部也不会光顾此部位。按照肉条的反方向切丝，煮熟后肉质才会更加柔嫩。

2. 粉条放到温水里浸泡半小时以上再用开水煮，口感才会更柔软。在煮的过程中，捞出粉条，确认它是否煮熟。

makes
13个月：每餐100毫升，准备1餐半的量。
18个月：每餐150毫升，准备1餐的量。

cooking time
准备30分钟，烹调25分钟。

storage
冷藏室中的保存时间为12小时。

nutrition facts
总热量：206.27千卡
碳水化合物：29.56克
蛋白质：7.20克
脂肪：5.24克

mineral & vitamin
磷
钾
烟酸
钙

如果想让孩子多吃蔬菜，就在切碎后偷偷放入孩子喜欢吃的食品里。制作饭团或炸肉饼等孩子不易发现的材料里，发挥鱼目混珠的效果才是制胜的要领。

酱牛奶土魠鱼

材料
土魠鱼80克、牛奶小半杯、水半杯。

做法
1.土魠鱼去鳞后洗净,切成薄块后去除水分。
2.在锅里倒入牛奶和水后开火,煮开后放入土魠鱼。
3.煮到汤汁几乎快没有为止。

point

待牛奶煮开后,放入土魠鱼,蛋白质才会迅速凝固,那么海鲜就不易碎裂,腥味也会烟消云散。

makes
13个月:每餐100毫升,准备1餐半的量。
18个月:每餐150毫升,准备1餐的量。

cooking time
准备15分钟、烹调25分钟。

storage
冷藏室中的保存时间为12小时。

nutrition facts
总热量:136.50千卡
碳水化合物:2.25克
蛋白質:17.07克
脂肪:6.58克

mineral & vitamin
钙
铁
烟酸
维生素B

没有条文规定孩子满周岁后,就必须食用米饭。孩子满周岁后,也可以吃放入肉类和蔬菜的粥,进而缓慢转移到食用米饭的阶段。

酱栗子莲藕

材料
栗子80克、莲藕200克、煮熟的豌豆20克、水2杯。

做法
1. 栗子和莲藕去皮后以0.5厘米的大小切块，浸泡在水里备用。
2. 在锅里放入栗子、莲藕，倒入水煮开后，待汤汁缩到2/3左右后放入煮熟的豌豆。
3. 待汤汁收得所剩无几时，用大火再煮一次即可关火。

point

豌豆富含维生素C，早点煮熟，在烹调的最后阶段放入锅里略煮一会儿，才可以防止营养的流失。

nutrition tips

栗子含有五种营养素，是不差于鸡蛋的极佳营养源。尤其是连皮带肉一起煮，营养素就更加不易流失，煮熟后当做点心也好，在煮饭时剥皮放入也不错。

cooking diary

makes
13个月：每餐100毫升，准备1餐半的量。
18个月：每餐150毫升，准备1餐的量。

cooking time
准备15分钟、烹调25分钟。

storage
冷藏室中的保存时间为12小时。

nutrition facts
总热量：107.44千卡
碳水化合物：22.57克
蛋白质：3.21克
脂肪：0.48克

mineral & vitamin
钙
钾
磷
铁

如果孩子咬着奶瓶睡觉，牛奶就会遗留在嘴里，减少了唾液的分泌，也容易导致奶瓶牙，要注意避免蛀牙带给孩子的烦恼。

双米银耳粥

材料
水发小米120克、水发大米130克、水发银耳100克。

做法
1. 洗好的银耳切去黄色根部，再切成小块，备用。
2. 待锅中清水烧开后倒入洗净的大米和小米。
3. 再放入切好的银耳，搅匀后盖上盖，烧开后用小火煮30分钟即可。

point

银耳泡发后体积比较大，不方便食用，故烹煮前进行切碎，宝宝会更容易食用和接受。

nutrition tips

银耳有补脾开胃、滋阴润肺、益气清肠的作用，有利于宝宝食用。

cooking diary

makes
13个月：每餐100毫升，准备1餐半的量。
18个月：每餐150毫升，准备

cooking time
准备15分钟、烹调25分钟。

storage
冷藏室中的保存时间为12小时。

nutrition facts
总热量：1145.3千卡
碳水化合物：258.69克
蛋白质：30.42克
脂肪：6.16克

mineral & vitamin
钙
钾
铁
磷

牛奶、可以舀出的优酪乳、儿童起司、水果等食品适合作为点心来提供。

鲜虾丸子清汤

材料
鲜虾肉50克、蛋清20克、包菜30克、菠菜30克。

做法
1. 鲜虾肉清洗后切碎，倒入鸡蛋均匀地搅拌。
2. 包菜和菠菜用开水氽烫后以0.5厘米的大小切碎。
3. 在锅里倒入水，待水煮开后改用小火，用汤匙一点一点的舀出鲜虾肉放入锅里。
4. 待虾肉煮熟后改用中火，放入包菜、菠菜，煮开后舀出泡沫关火。

point

待水煮开，改用小火后再放入虾肉，这样虾肉才不易碎。若在水煮开前放入虾肉，虾肉就会分散，需要注意这个问题。

cooking diary

makes
13个月：每餐100毫升，准备1餐半的量。
18个月：每餐150毫升，准备1餐的量。

cooking time
准备15分钟、烹调25分钟。

storage
冷藏室中的保存时间为12小时。

nutrition facts
总热量：192.90千卡
碳水化合物：4.07克
蛋白质：23.23克
脂肪：9.30克

mineral & vitamin
钙
钾
磷
烟酸

孩子满18个月后，会逐渐表现出偏食的倾向，采用多种烹调方法来制作孩子不愿意吃的食品，才可以避免偏食习惯加剧。

南瓜拌饭

材料
南瓜90克、芥菜叶60克、水发大米150克。

做法
1. 去皮南瓜和芥菜均切成粒，备用。
2. 将分别装有大米、南瓜的碗放入烧开的蒸锅中，盖上盖，用中火蒸20分钟。
3. 待汤锅中的清水烧开后，放入芥菜，煮沸后放入蒸好的南瓜和大米，搅匀。
4. 加入适量的盐拌匀调味，关火后即可。

point

南瓜和大米下汤锅前进行蒸煮，可以更好地保留营养成分。

nutrition tips

芥菜叶中含有较多的纤维素，可以起到开胃消食、促进排便的作用，但也不宜食用过多，肠胃虚寒的宝宝多食易引起腹泻。

cooking diary

makes
13个月：每餐100毫升，准备1餐半的量。
18个月：每餐150毫升，准备1餐的量。

cooking time
准备15分钟、烹调25分钟。

storage
冷藏室中的保存时间为12小时。

nutrition facts
总热量：550.8千卡
碳水化合物：122.82克
蛋白质：12.81克
脂肪：1.53克

mineral & vitamin
钙
钾
铁
磷

建议用米粉代替白面粉，挑选饼干时，也应该选择用大米制作的产品。

香菇鸡蛋砂锅

材料
干香菇50克、鸡蛋90克。

做法
1. 香菇充分地浸泡在水里，摘除菌管后以0.5厘米的大小切块。
2. 打开鸡蛋，加水搅拌均匀。
3. 在砂锅里放入香菇、打好的鸡蛋后均匀地搅拌。
4. 在锅里倒入少许水，再放入砂锅，用隔水加热法烹调。

point

1. 干香菇中的维生素E含量高于新鲜香菇，因此建议经常为成长期的孩子准备干香菇。在热水中浸泡，待它变得柔软后使用。

2. 打好的鸡蛋倒入砂锅，以隔水加热法烹调，蛋花就会变得柔嫩。

makes
13个月：每餐100毫升，准备1餐半的量。
18个月：每餐150毫升，准备1餐的量。

cooking time
准备15分钟、烹调20分钟。

storage
冷藏室中的保存时间为12小时。

nutrition facts
总热量：167.71千卡
碳水化合物：9.17克
蛋白质：13.61克
脂肪：8.51克

mineral & vitamin
磷
钙
钾
烟酸

暴食与偏食都是坏习惯，与其骤减食品的供应量，倒不如每次提供少量。培养孩子细嚼慢咽的习惯也非常重要。

榛子枸杞桂花粥

材料
水发大米200克、榛子仁20克、枸杞7克、桂花5克。

做法
1. 待砂锅中的清水烧开后，倒入大米，盖上盖子，煮沸后用小火煮约40分钟至大米熟透。
2. 揭盖，倒入备好的榛子仁、枸杞、桂花，拌匀。
3. 盖上盖子，用小火煮15分钟至米粥浓稠即可。

point

大米煮熟后，如果宝宝的咀嚼能力运用得不是那么好，可以延长大米的熬煮时间，使得米粥更加软绵，便于宝宝食用。

cooking diary

....
....
....
....
....
....
....

makes
13个月：每餐100毫升，准备1餐半的量。
18个月：每餐150毫升，准备1餐的量。

cooking time
准备15分钟、烹调25分钟。

storage
冷藏室中的保存时间为12小时。

nutrition facts
总热量：806.2千卡
碳水化合物：160.66克
蛋白质：18.8克
脂肪：10.56克

mineral & vitamin
钙
钾
铁
磷

让油慢慢地出现在孩子的食品当中。使用少许油最佳，使用不黏锅即可减少油的使用量。

豆粉煎鲑鱼

材料
鲑鱼片80克、豆粉适量、葡萄籽油适量。

做法
1. 炒好的豆粉用筛子过滤。
2. 把鲑鱼片放到毛巾上去除油渍后以2厘米的大小切块。
3. 鲑鱼两面都要黏上豆粉，在锅里倒入葡萄籽油后煎成金黄色。

point

鲑鱼"穿上一层衣服"就不那么油腻了，而且香味也会更加浓郁，腥味也会消失无踪了。待豆粉吸收了鲑鱼的水分变得湿润后，再放入锅里煎。

makes
13个月：每餐100毫升，准备1餐半的供应量。
18个月：每餐150毫升，准备1餐的供应量。

cooking time
准备15分钟、烹调25分钟。

storage
冷藏室中的保存时间为12小时。

nutrition facts
总热量：198.10千卡
碳水化合物：4.04克
蛋白质：20.69克
脂肪：11.02克

mineral & vitamin
磷
钙
烟酸
维生素E

伸展运动具有促进增高的功效，建议妈妈坚持每天与孩子进行10分钟左右的伸展运动，但是禁止用力拉扯孩子的身体。

嫩南瓜核桃色拉

材料
嫩南瓜80克、核桃1粒、梨50克、水1.5杯。

做法
1. 核桃浸泡在热水中，用牙签剥皮后以0.2厘米的大小切碎待用。
2. 嫩南瓜去除瓜皮和瓜籽后以1厘米的大小切块，梨削皮后用刨刀器刨成泥。
3. 在锅里放入核桃、嫩南瓜，倒入水慢慢煮，煮到水量所剩无几、嫩南瓜变得柔软为止。
4. 充分放凉后盛入碗里，浇上梨泥。

point

1. 核桃清除薄皮才不会散发苦味，把核桃浸泡在热水中，放凉一会儿后再削皮就比较容易了。

2. 嫩南瓜用汤匙刮出籽后，用刨刀器刨除皮，以1厘米的大小切块。

nutrition tips

核桃、花生、松仁、杏仁等坚果类富含抑制活性氧的维生素E，且富含孩子成长所需的必需脂肪酸，经常提供坚果类，可以提升孩子的记忆力和集中力，但是坚果类有可能会卡在孩子的喉咙里，建议切碎后再使用。

cooking diary

makes
13个月：每餐100毫升，准备1餐半的量。
18个月：每餐150毫升，准备1餐的量。

cooking time
准备15分钟、烹调25分钟。

storage
冷藏室中的保存时间为12小时。

nutrition facts
总热量：122.99千卡
碳水化合物：20.48克
蛋白质：2.28克
脂肪：3.55克

mineral & vitamin
磷
钾
钙
β–胡萝卜素

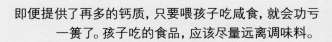
即便提供了再多的钙质，只要喂孩子吃咸食，就会功亏一篑了。孩子吃的食品，应该尽量远离调味料。

地瓜鸡肉色拉

材料
地瓜、红心地瓜和鸡胸肉各20克，葡萄籽油半小匙，清水2杯。

做法
1. 地瓜削皮后以1厘米的大小切块，浸泡在水里避免褐变现象。
2. 鸡胸肉去除薄膜和筋部后以1厘米的大小切方块。
3. 在锅里倒入水，待水煮开后放入鸡胸肉用小火慢慢煮，煮熟后再放入地瓜。
4. 待汤汁所剩无几时关火，倒入葡萄籽油搅拌一次。

point

1. 地瓜切开后，会有淀粉流出，若不浸泡在水中，易引起褐变，而且还会在煮的过程中制造浑浊的感觉，建议浸泡后再进行烹调。

2. 先把鸡肉煮熟后，再放入地瓜，就可熬出更加香浓的味道，而且材料的煮熟度也比较适中。

makes
13个月：每餐100毫升，准备1餐半的量。
18个月：每餐150毫升，准备1餐的量。

cooking time
准备15分钟、烹调25分钟。

storage
冷藏室中的保存时间为12小时。

nutrition facts
总热量：96.12千卡
碳水化合物：12.0克
蛋白质：5.10克
脂肪：3.08克

mineral & vitamin
钾
钙
磷
β-胡萝卜素

就算孩子的食量少，只要摄取了均匀的营养，妈妈就不必过于担心。但是，食量骤减，体重也变轻，就应该找小儿科的医生进行咨询了。

腌儿童泡菜

泡菜是代表性发酵食品，富含乳酸菌，且抗癌效果卓越，但是盐分含量过高，不宜直接喂孩子吃大人食用的泡菜。最好是使用梨子、洋葱、胡萝卜等纯天然材料制作清淡的儿童泡菜，在两岁左右开始尝试使用。

萝卜泡菜

材料

萝卜（4厘米）1块、水芹6根、香葱5根、红椒1个、洋葱1/4个、辣椒粉半小匙、鲜虾酱油1小匙、粗盐1大匙、精盐1小匙。

做法

1. 萝卜削皮后以0.7厘米的大小切成方块，撒上粗盐腌制一会儿后用清水冲洗。
2. 水芹、葱洗净后，将水芹置于食醋水（清水1杯，食醋半大匙）中腌制5分钟以去除水渍。
3. 红椒去籽后以1厘米的大小切块，洋葱也按照相同的大小切块，放入搅拌机里进行搅拌。
4. 在做法3中放入辣椒粉、鲜虾酱油、精盐后均匀地搅拌，那么调味料就出炉了。
5. 萝卜用调味料搅拌后，加入水芹、葱，放于密封的容器中，在常温条件下，腌制半日左右后放入冰箱里保存。

point

1

萝卜削皮后以0.7厘米的大小切块后撒上粗盐。

3

红椒去籽后切块，与相同大小的洋葱一起放入搅拌机。

4

在搅拌好的红椒和洋葱中放入辣椒粉、鲜虾酱油、精盐，制作调味料。

5

把调味料倒入腌制好的萝卜中搅拌后，添加水芹和葱。

白泡菜

材料

白菜心4叶、梨和苹果各1/4个、萝卜（2厘米）1块、胡萝卜10克、水芹5根、洋葱20克、鸡胸肉50克、马铃薯（中等大小）半个、粗盐3大匙、精盐1小匙、水1杯。

做法

1. 白菜心用粗盐腌制2小时左右后用清水冲洗。
2. 梨削皮后切丝，苹果洗净后也切丝。
3. 萝卜和胡萝卜以0.3×4厘米的大小切丝，水芹也切丝。
4. 鸡胸肉煮熟后以0.5厘米大小切碎。
5. 在搅拌机里放入鸡胸肉、煮熟的马铃薯、洋葱、水，搅拌好后放入精盐。
6. 在做法5里放入处理好的蔬菜、梨和苹果，均匀地搅拌后取适量放在每叶白菜心上，一点一点地往上卷。
7. 放在密封的容器内，在常温条件下放置半日左右后放入冰箱腌制3日。

point

1

呈黄色的白菜心就用粗盐腌制2小时左右后再用清水冲洗。

5

在搅拌机里放入鸡胸肉、马铃薯、洋葱、水，均匀地搅拌后，放入精盐，再放入处理好的蔬菜作为调味料。

6

在腌制好的白菜心上，放适量过味的馅儿，一点一点地往上卷。

7

完成的白泡菜要放在密封的容器里，在常温条件下放置半日左右后，再放入冰箱里等待泡菜入味。

18~36
months

两岁大的孩子，对于餐桌礼仪已经有了一定的认识。这个时期，应该让孩子明白得在规定的时间里吃饭，一家人围坐在餐桌前用餐是正规性日常习惯。为了形成这一良好的饮食习惯，父母们应该坚持让孩子在规定的时间内，坐在餐桌前，食用餐点和点心。

两岁左右的孩子应该……

● 两岁后，即使没有大人的帮助，孩子也能独自上下阶梯。

● 已经可以灵活自如使用汤匙，对很多事情也有很强的自主性。

● 满三岁时，可以学着骑三轮自行车，也能短暂地使用单脚进行站立。

● 他可以自己穿袜子、鞋子，有的孩子还可以自己系鞋带或解开扣子。

● 他可以说出自己的名字，简单的数数也尽在他的掌握之中。

● 此时期的孩子渴望和大人交流，这也是孩子正式熟悉社会性的时期。

● 他会与同龄孩子进行玩耍，而且为所欲为的性格也会逐渐减少。

应该如何准备孩子的食谱？

＊全面均衡的饮食模式

对于成长期的孩子来说，均匀地吸收各种营养素非常重要。包括如米饭或面包等谷物、肉类和海鲜类、鸡蛋和豆类、蔬菜和水果类、牛奶和乳制品。全面均衡的营养素的摄入方能满足孩子生长发育所需，也能培养孩子从小吸收多种食品的习惯，这样一来，可以促成孩子长大以后远离偏食的恶习。

＊＊合理安排孩子的就餐时间和食用量

在规定的时间提供一日三餐，与不偏食、均匀地吸收营养同样重要，规定性原则也会守护孩子的成长发育和身体健康。这个时期，就应该培养一家人在规定的时间内，一日三次就餐的规则性习惯。

＊＊＊早餐不能停

处于成长期的孩子必须食用早餐，因为这个时期大脑的发育比较旺盛，大脑的活动需要消耗大量能量，这些能量大多数是从糖分中获取的，如果不吃早餐，大脑活动就会受到妨碍，导致大脑运转速度不灵活，集中力也将呈现下滑趋势。

从小培养正确的饮食习惯

＊培养正确的饮食习惯非常必要

孩子完成断乳食阶段，并与大人一样享受一日三餐时，妈妈就更要用心规划丰富的食品，提供更加丰富的营养。培养孩子正确的饮食习惯也是非常重要的课题，这个时期的饮食习惯扎根了，就会随着孩子的年龄开花结果，这个果实就是身体健康与否的象征。

＊＊拒绝"追着孩子喂饭"的进餐模式

很多妈妈都习惯于追着孩子跑，一边喂孩子吃饭，生怕孩子会吃不饱，长不高。但其实这种行为反倒可能会让孩子对食物产生反感，或助长一定要别人喂才吃饭的恶习。因此，正确的做法应该是：孩子要是再不吃饭，就让孩子饿着肚子。即使是空腹一两餐也不会影响孩子的成长发育。孩子空腹一两次，孩子饿了就会乖乖地选择下一餐饭，慢慢地就会把这种坏习惯改掉。

＊＊＊不能只喂给孩子偏好的食物

孩子接触新食品时，必须食用10次以上，才可以确切地达到熟悉的效果。如果，食谱紧紧围绕着孩子喜欢的食物，那么他们接触新鲜食物的几率就会降低，只把自己喜欢的食物放在心里。这一现象有可能直接成就孩子偏食的习惯。但是妈妈也不用强迫孩子接受新的食物，以免造成孩子的反感。妈妈可以使用妙招让孩子心悦诚服，将孩子不喜欢吃或是第一次接触的食品就烹饪成形态全无的料理，或者可以与孩子喜食的料理混合使用，拉近孩子与新食品的距离。另外，进行烹饪时可让孩子参与到制作过程中，孩子就会把注意力和兴趣投入到食品当中。

＊＊＊＊定时定点就餐

我们经常可以看到忽略时间、地点，随时随地吃饭的孩子，甚至还有些孩子一边看电视一边吃饭。学习正确的饮食礼仪对于两岁后的孩子来说是不可忽视的问题。妈妈们必须教育孩子，在规定的时间里，一家人坐在餐桌前就餐的饮食礼仪。方法如下：就是在规定的时间内，让孩子坐在餐桌前食用餐点和点心；在吃饭的过程中，避免一切可能会分散孩子注意的事情；并且无论孩子吃饭与否，都要在一定的时间内让孩子坐在餐桌前。

1 洋葱酱虾米

材料（2人份）

洋葱40克、虾米20克、小黄瓜50克。

做法

1. 洋葱切丝，小黄瓜也按照相同的大小切片。虾米需要摇晃几次，甩出粉状物。
2. 在锅里倒入酱油和水开始煮，待汤料煮开后放入虾米慢慢煮。
3. 放入洋葱丝和小黄瓜丝继续煮，待汤汁所剩无几时关火，倒入香油。

2 什锦豆饭

材料（2人份）

泡开的米100克（7.5大匙）、泡开的黑豆15克、泡开的篱笆豆和豌豆各10克、水1.5杯。

做法

1. 在锅里放入米、黑豆、篱笆豆，倒入水后盖上锅盖，用大火煮，待它煮开后再转为用中小火。
2. 豌豆剥皮后用开水煮，煮到豆心彻底煮熟为止。
3. 待米水缩少、米粒开始黏锅时，就放入煮熟的豌豆，用大火加热20秒左右后关火，再焖5分钟。

洋菇甜椒杂菜

材料（2人份）

秀珍菇和白灵菇以及金针菇各30克、香菇和青椒以及红椒各20克、胡萝卜10克、胡麻油2/3小匙、水1/4杯。

做法

1. 秀珍菇切成两段后用手撕开，白灵菇以3厘米的长度切丝，金针菇就以3厘米的长度切开待用。
2. 香菇、甜椒、胡萝卜就以3厘米的长度切丝，在锅里倒入水后与其他洋菇一起炒。
3. 待洋菇、胡萝卜、甜椒煮熟后关火，倒入胡麻油均匀地进行搅拌。

牛肉萝卜汤

材料（2人份）

牛肉40克、萝卜150克、大葱30克、水4杯。

做法

1. 牛肉去除脂肪和牛筋后以1厘米的大小切成方块，萝卜就以1.5厘米的大小切块。
2. 在锅里倒入水开火，待水煮开后放入切好的牛肉，牛肉煮熟后放入萝卜慢慢煮。
3. 大葱切成小圆形放入，待汤汁缩到1.5杯左右就关火。

cooking time
准备时间是20分钟，烹调时间是50分钟。

nutrition facts
总热量：406.24千卡
碳水化合物：53.88克
蛋白质：26.35克
脂肪：9.48克

1 海苔拌绿豆凉粉

材料（2人份）

绿豆凉粉80克、海苔半片、香油1/3小匙。

做法

1. 绿豆凉粉以0.3×4厘米的大小切丝，在热水中浸泡一段时间后，捞出来再用冷水进行冲洗。
2. 海苔用干锅炒一炒后放入搅拌机里搅拌。
3. 在碗里盛入绿豆凉粉，倒入香油轻轻搅拌后撒上海苔粉均匀地搅拌。

2 糙米牛蒡饭

材料（2人份）

泡开的米100克（7.5大匙）、泡开的糙米10克（1大匙）、牛蒡20克、清水1杯、食醋1/3小匙。

做法

1. 牛蒡以0.3厘米的大小切碎，再倒入食醋的开水中氽烫后去除水分。
2. 在锅里放入泡开的大米、糙米和牛蒡，倒入清水后便开始煮，煮开后转为用小火慢慢煮。
3. 待米水收得所剩不多时关火，再焖5分钟。

秋刀鱼酱萝卜

材料（2人份）

秋刀鱼80克、萝卜60克、生抽4毫升、姜片适量。

做法

1. 秋刀鱼去除鱼鳞和内脏后以4厘米的大小切块。
2. 萝卜以2×3厘米的大小切块后，把四角切成圆形，用开水汆烫。
3. 在锅里先铺一层萝卜，放上秋刀鱼后倒入酱油、生姜汁、水开火，煮开后改用小火慢慢炖。
4. 一边用汤匙把汤浇在秋刀鱼上，一边慢慢地炖，待汤收水后关火即可。

蔬菜三文鱼粥

材料（2人份）

三文鱼120克、胡萝卜50克、芹菜20克、大米70克。

做法

1. 将洗净的芹菜、胡萝卜切粒，三文鱼切片，备用。
2. 待砂锅中清水烧开后，倒入洗净的大米，慢火煲30分钟至大米熟透。
3. 倒入切好的胡萝卜粒、三文鱼和芹菜，拌匀煮沸后加适量的盐，关火即可。

cooking time
准备15分钟，
烹调25分钟。

nutrition facts
总热量：432.6千卡
碳水化合物：59.71克
蛋白质：26.48克
脂肪：10.04克

豆腐胡萝卜饼

材料（2人份）

豆腐200克、胡萝卜80克、鸡蛋40克、白面粉适量、食用油半大匙。

做法

1. 豆腐用干棉布去除水分后捣碎，胡萝卜也捣碎。
2. 把准备好的豆腐、胡萝卜、鸡蛋、白面粉一起搅拌。
3. 在锅里倒入食用油，把搅拌好的面团按一小匙的量舀出来，一块块煎成金黄色。

米饭

材料（2人份）

大米100克（7.5大匙）、水1.5杯。

做法

1. 大米洗净后倒入适量的水浸泡半个小时。
2. 在锅里倒入泡开的米开火，待米水煮开后改用小火。
3. 待水所剩无几时，先用大火加热10秒后关火，并再焖5分钟。

炒西兰花

材料（2人份）
西兰花50克、香油和黑芝麻各1小匙、水1.5杯。

做法
1. 西兰花按照适合的大小切碎，用开水汆烫后，再用冷水冲洗，去除水分。
2. 在锅里倒入油，炒一炒后倒入水。
3. 待西兰花变得柔软后，撒上黑芝麻和香油，关火。

鸡肉马铃薯汤

材料（2人份）
鸡胸肉60克、马铃薯80克、生抽5毫升。

做法
1. 鸡胸肉和马铃薯按照1厘米的大小切块，浸泡在冷水里去除淀粉。
2. 在锅里倒入水，待水煮开后，放入马铃薯煮一会儿，再放入鸡胸肉，放入少许酱油调味。
3. 待鸡肉煮熟，水量减为1.5杯左右后关火。

cooking time
准备时间是15分钟，
烹调时间是40分钟。

nutrition facts
总热量：453.69千卡
碳水化合物：54.83克
蛋白质：27.88克
脂肪：13.65克

1 芝麻拌菠菜

材料（2人份）

菠菜200克、枸杞15克、白芝麻8克、蒜末少许。

做法

1. 菠菜用开水氽烫后，再用冷水冲洗，去除水分后以2厘米的长度切丝。
2. 芝麻放入研钵里磨成粉。
3. 菠菜、芝麻、香油放在一起均匀地搅拌。

2 黄米饭

材料（2人份）

泡开的白米90克、泡开的黄米90克。

做法

1. 在锅里放入米、黄米和水后开火，待米水煮开后再改用小火。
2. 待米水所剩无几时，关火后再焖5分钟。

3 酱鹌鹑蛋

材料（2人份）

煮熟去壳的鹌鹑蛋90克、生抽5毫升。

做法

1. 在锅里放入鹌鹑蛋、酱油、水后开火，一边煮一边搅拌，煮到鹌鹑蛋表面呈酱油色。
2. 待汤汁所剩无几后，关火。

4 海苔鲜贝汤

材料（2人份）

海苔10克、扇贝90克。

做法

1. 海苔按照长宽2厘米的大小切成正方形，扇贝浸泡在淡盐水中去除盐分。
2. 在锅里倒入水，煮熟扇贝后，取其嫩肉，汤汁就用纱布过滤。
3. 把过滤好的汤汁倒入锅里，待汤汁煮开后，放入扇贝和贝肉再煮一次，最后倒入香油。

cooking time
准备时间是20分钟，
烹调时间是40分钟。

nutrition facts
总热量：374.7千卡
碳水化合物：47.50克
蛋白质：15.89克
脂肪：13.42克

nutrition facts
总热量：499.81千卡
碳水化合物：99.61克
蛋白质：17.29克
脂肪：3.58克

mineral & vitamin
钙
铁
磷
钾

冻鳕鱼盖饭和包菜色拉

材料（2人份）

米饭250克（1.5杯）、冻鳕鱼60克、包菜30克、淀粉20克、食用油1小匙、香油和橄榄油各半小匙、酱油少许、水半杯。

做法

1.冻明太鱼取其鱼肉去除水渍，让它穿上淀粉白衣，在锅里倒入油后煎成金黄色鱼饼。

2.在锅里放入明太鱼饼、水、酱油后开火，待它煮开后关火，最后倒入香油。

3.包菜以0.1×4厘米的大小切丝，用冷水冲洗后去除水分，在锅里倒入橄榄油后再均匀地搅拌。

4.米饭盛到碗里，放上明太鱼饼后，再放包菜沙拉，倒入少许鱼饼汤。

cooking time
准备时间是20分钟，
烹调时间是30分钟。

nutrition facts
总热量：625.54千卡
碳水化合物：120.86克
蛋白质：20.99克
脂肪：6.46克

mineral & vitamin
钾
烟酸
钙

洋菇起司意粉

材料（2人份）

泡开的米150克、白灵菇30克、洋菇和香菇各20克、胡萝卜碎5克、帕玛起司碎10克，西芹碎少许、鸡肉汤2.5杯。

做法

1. 白灵菇以长宽为0.5厘米的大小切成正方形，洋菇剥皮后以相同的大小切块。
2. 香菇摘除菌管，用冷水冲洗，去除异物后以长宽0.5厘米的大小切成正方形。
3. 在锅子里放入泡开的大米，倒入半杯鸡肉汤炒一炒，再放入处理好的洋菇、胡萝卜继续翻炒。
4. 待米粒变得透明后，放入剩余的鸡肉汤，一边搅拌一边煮。
5. 待汤汁所剩无几时，米粒彻底煮熟后关火，放上帕玛起司和切碎的西芹。

nutrition facts
总热量：723.17千卡
碳水化合物：93.54克
蛋白质：30.17克
脂肪：25.37克

mineral & vitamin
钾
烟酸
维生素K
钙
铁
β-胡萝卜素

焗猪肉马铃薯

材料（2人份）

米饭250克（1.25杯）、猪肉（里脊肉）100克、洋葱50克、红椒30克、西兰花15克、意大利干酪20克（1/4杯）、葡萄籽油半小匙。

做法

1.猪肉去除脂肪后，以0.5厘米的大小切块。

2.洋葱、红椒和西兰花均以0.5厘米的大小切块，用开水烫一烫后再用冷水冲洗。

3.在锅里倒入葡萄籽油，先放洋葱，后放猪肉，待猪肉炒熟后，放入米饭、红椒、西兰花一起炒，炒好后盛入焗菜专用碗，意大利干酪切成丝后，放在米饭上。

4.在以200℃预热的烤箱里烤5分钟左右，待起司烤为褐色后取出。

土豆疙瘩汤

材料（2人份）

土豆40克、南瓜45克、水发粉丝克、面粉80克、蛋黄和葱花各少许。

做法

1.去皮洗净的土豆、南瓜切细丝，洗好的粉丝切小段。

2.把切好的粉丝装入碗中，倒入蛋黄、盐，搅拌，撒上适量面粉，制成面团。

3.煎锅中注油烧热，放入土豆、南瓜炒熟后 盛出。

4.待汤锅中的水烧开后，将面团分成数个剂子，下锅后用大火煮分钟，再放入炒好的蔬菜，加
盐即可。

cooking time
准备时间是30分钟，
烹调时间是30分钟。

nutrition facts
总热量：285.02千卡
碳水化合物：40.77克
蛋白质：14.96克
脂肪：6.90克

mineral & vitamin
维生素E
钾

黑芝麻豆奶面

材料（2人份）
素食面40克、白豆30克、黑芝麻1小匙、水4杯。

做法

1. 白豆洗净后，放入1杯冷水里浸泡一个晚上。

2. 把**做法**1放入锅里，再倒入2杯水，待水煮开、起泡沫时，改用中火，煮到散发浓郁的香味为止。

3. 在煮开的热水中放入素食面，煮3~4分钟捞出后用冷水冲洗。

4. 在搅拌机里放入煮熟的白豆、汤汁、1杯水，等豆粒不见踪影后就停止搅拌，接着再放入黑芝麻搅拌一会儿。

5. 在碗里放入素食面，倒入豆奶。

cooking time
准备时间是30分钟，
烹调时间是40分钟。

nutrition facts
总热量：988.50千卡
碳水化合物：167.38克
蛋白质：48.29克
脂肪：13.98克

mineral & vitamin
钾
磷
β–胡萝卜素

三色鸡肉面疙瘩

材料（2人份）

鸡肉50克、面粉200克、胡萝卜20克、南瓜30克、马铃薯100克、洋葱40克、水7杯。

做法

1. 把鸡肉浸泡在水中约1小时，去除血水后用开水氽烫。
2. 在锅里倒入6杯水，待水煮开后放入烫好的鸡肉慢慢煮，待汤汁收为3杯左右后关火。鸡肉取其嫩肉，汤汁用纱布过滤。
3. 胡萝卜和南瓜各加1/4杯水，放入搅拌机里搅拌。
4. 面粉分成3份，分别与胡萝卜泥、南瓜泥、1/3杯水搅拌。
5. 马铃薯削皮后，切成厚度为0.3厘米的半月形；洋葱均匀地捣碎。
6. 在锅里倒入汤汁，放入马铃薯、洋葱后开火，待汤煮开后放入一块块三色面团，待面团煮熟后放入鸡肉再煮一次。

无法避免，就做个明明白白的挑选好手吧！

严格对待市面上的各式点心

儿童饼干、有机饮料等为孩子的健康着想的点心层出不穷，但是，到底市面上的点心是否健康营养，我们的孩子什么时候能够食用点心，很多妈妈还是不那么了解。本书将市面上受欢迎的点心，制作一份备忘录，介绍了点心的营养成分和供应量，可以作为妈妈们买菜时的参考吧。

洋芋片

定量4～5个。它富含油分和盐分，尽量推迟提供的时间。与其直接给孩子准备袋装薯片，不如每次取适量提供。

~24months	25~36months	37months~
×	△	△

条状饼干

定量4~5个。条状饼干有刺破喉咙的危险性，应该切成丁后再喂孩子吃。

~24months	25~36months	37months~
×	△	△

奶油蛋糕

定量1/3块。奶油不宜消化吸收，因此在孩子满3岁前，除特殊日子以外，不宜让它与孩子相见。

~24months	25~36months	37months~
△	△	□

冰淇淋

定量半杯。它的糖分和脂肪含量高，在孩子生病时，可作为补充营养的供应来源。在孩子满3岁后，适宜扮演点心的角色。

~24months	25~36months	37months~
△	△	△

离子饮料
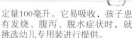

定量100毫升。它易吸收，孩子患有发烧、腹泻、脱水症状时，就挑选幼儿专用装进行提供。

~24months	25~36months	37months~
△	△	△

糖

定量1～2颗。它的糖分含量高，在孩子满24个月前，不宜与孩子接触。教育孩子不要直接咀嚼糖类，而是含在嘴里食用。

~24months	25~36months	37months~
×	△	△

幼儿煎饼

定量3～4个。在孩子满12个月后，可以放心大胆地提供幼儿煎饼。若过多地食用，会影响胃口，妈妈们需要调整供应量。

~24months	25~36months	37months~
□	□	□

日式蛋糕

定量半块。虽然日式蛋糕口感柔嫩，适宜孩子食用，但是其糖分含量过高，不宜过量摄取。

~24months	25~36months	37months~
△	△	□

起司蛋糕

定量半块。它的脂肪和糖分含量高，若过多食用，孩子就会拒绝米饭，在孩子满2岁后，也要适量提供。

~24months	25~36months	37months~
△	△	△

乳酸菌饮料

定量65毫升。它的糖分含量过高，在孩子满24个月前，必须稀释使用。在此之后，提供1小瓶左右的乳酸菌无任何大碍。

~24months	25~36months	37months~
△	△	△

棉花糖

定量3～4个。嚼劲十足，由于不宜咀嚼，可能会卡在孩子的喉咙里。待孩子的咀嚼能力发育良好时，再放心地提供。

~24months	25~36months	37months~
×	△	△

布丁

定量半杯（小杯）。未满3岁的孩子，适合食用小半杯左右；大于3岁的孩子，适合食用1整杯。

~24months	25~36months	37months~
△	△	□

幼儿饼干

定量1袋。小袋装的幼儿饼干，可以直接提供1袋，但是由于糖分含量高，建议在孩子满24个月后开始使用。

~24months	25~36months	37months~
×	△	△

蛋糕卷

定量1.5～2厘米左右。它的奶油含量低，因此在孩子满24个月后，可以取少量开始使用。在孩子满3岁以后，可以提供一块蛋糕卷。

~24months	25~36months	37months~
△	△	□

起司面包

定量1个。购买时，挑选清淡的口味，在孩子满24个月后，取少量开始使用。

~24months	25~36months	37months~
△	△	△

原味酸牛奶

定量100毫升。它与果汁一样，同属高糖分产品，可以取少量开始使用。

~24months	25~36months	37months~
△	□	□

软糖

定量1～2颗。它具有入口即化的质感，但是容易残留在牙缝里，3岁后的孩子可以轻易地融化食用，此时正是软糖登场的时机。

~24months	25~36months	37months~
×	△	□

口香糖

定量1条。在孩子满3岁后，可以长时间咀嚼食品，建议从这一时期开始，挑选1～2个无蔗糖产品，偶尔进行提供。

~24months	25~36months	37months~
×	×	△

香蕉饼干

定量4~5个。香蕉饼干质感柔软，孩子从小就会迷恋它，但是它的糖分含量高，建议在孩子满3岁后偶尔开始使用。

~24months	25~36months	37months~
×	×	△

爆米花

定量2~3个。爆米花是谷物膨胀的产物，在孩子满12个月后，可以开始使用。孩子在食用过程中，容易感到口渴，建议与水搭配使用。

~24months	25~36months	37months~
□	□	□

巧克力饼干条

定量4~5个。巧克力的糖分含量高，且含有可可粉，在孩子满3岁前，应该禁止使用。

~24months	25~36months	37months~
×	×	△

汉堡

不宜食用。它是高热量食品，不宜用作点心。若是作为一餐饭，在孩子满3岁后，可以偶尔食用。

~24months	25~36months	37months~
×	×	×

甜甜圈

定量1/3块。嚼劲十足，孩子不宜咀嚼。如果是原味，可以提供1/3块左右，若是奶油起司口味，就提供1/4块左右。

~24months	25~36months	37months~
×	△	△

早餐面包

定量1~2块。由于早餐面包质感较硬，建议用烤箱烤好，以便让孩子享受柔软的感觉。

~24months	25~36months	37months~
×	△	△

红豆面包

定量半个。红豆是好，但是红豆面包的糖分含量高，建议在孩子满24个月后再开始使用。

~24months	25~36months	37months~
×	△	△

冰棒

定量半根。具有导致腹泻的危险，在孩子满24个月前，应禁止食用。

~24months	25~36months	37months~
×	×	△

果子露

定量半杯。它属于冰凉食品，容易导致腹泻，在孩子出现发烧或扁桃体肿胀症状时，取少量开始使用。

~24months	25~36months	37months~
×	△	△

碳酸饮料

不宜食用。糖分含量高是其次，其碳酸容易对孩子产生刺激作用，不宜为孩子提供。

~24months	25~36months	37months~
×	×	×

果汁

定量100毫升。如果不是幼儿专用产品，糖分含量会非常高，在孩子满3岁前，应稀释使用。

~24months	25~36months	37months~
△	△	□

蔬菜汁

定量100毫升。它的糖分含量高，在孩子满24个月前，建议稀释使用。妈妈们需注意，果汁无法代替蔬菜富含的维生素成分。

~24months	25~36months	37months~
△	△	□

巧克力

定量1/3个。糖分含量高、含有咖啡因的巧克力，应该推迟使用时间，在孩子满3岁后，也应该取少量开始使用。

~24months	25~36months	37months~
×	×	△

牛奶糖

定量1~2颗。它的糖分含量高，而且容易残留在牙缝里，从而埋下长蛀牙的隐患。喂孩子吃牛奶糖后，必须帮助孩子刷牙。

~24months	25~36months	37months~
×	×	△

果冻

定量4~5个。它有卡在喉咙里的危险，在孩子满24个月前，禁止提供。孩子吃完果冻后，必须刷牙。

~24months	25~36months	37months~
×	△	△

豆糕

定量半杯。红豆糕的糖分含量高，尽量不要喂孩子吃豆糕。

~24months	25~36months	37months~
×	△	△

糖炒栗子

定量4~5颗。栗子比较硬，取少量切碎，以免出现窒息的危险。

~24months	25~36months	37months~
×	△	△

小鱼干

定量半把。下酒菜用的小鱼干又咸又硬，不宜喂孩子吃。如果是市面上的进口小鱼干，可提供半把左右。

~24months	25~36months	37months~
×	×	△

孩子生病时，应该怎么准备食物？

如果孩子脱离了平时的身体状况，突然罹患感冒，出现了严重的发烧症状，或者出现便秘、腹泻等病症时，首先应该找医生就诊。但是，在大多数情况下，获得针对性治疗和处方后，孩子的饮食也应该做出相关的调整。除了医生要求的禁忌食物外，最重要的要求就是应该制作得比平时更加柔软的口感。

感冒

孩子如果感冒了，很容易出现严重的发烧症状，因此，做好预防措施很关键。最基本的预防措施：少带孩子到人潮拥挤的地方，外出回家后注意清洗双手、脚和脸部，而且感冒可能会通过空气进行传播，因此，也要注意室内的空气清新和流通。如果家里有较年幼的孩子时，大人外出回家，就应该先洗漱，换上干净的衣服，再与孩子进行接触。感冒症状一般会维持一星期左右，其中2～3日左右病情出现恶化，会引发流鼻涕、鼻塞、咳嗽、发烧、咽喉肿痛等症状。大部分的孩子无需经过综合症的门坎，就会直接走上康复之路，但是慢性疾病患者或是年幼的婴儿，有可能会有中耳炎、气管炎、毛细气管炎、肺炎等综合症的发生，妈妈们需要注意这一问题。如果孩子罹患感冒，大多数妈妈们会习惯性地直接喂孩子吃药，只要注意下列几种事项，就可以轻松地跟感冒说再见。

第一、 保持充足的睡眠：感冒是通过手、眼、鼻的接触来传播的，因此为了自己的孩子，也为了其他孩子着想，当孩子遇到感冒后，就尽量让他在家休息吧。

第二、注重营养的供给：由于没有胃口，感冒患者会经常忽视饮食的摄取，但是想要赶走入侵体内的病毒，就必须均匀地吸收营养素，身体才能有充足的能量对抗病菌。尤其是应该食用肉类、鸡蛋、乳制品等食品，吸收蛋白质，恢复免疫机能，加速病情的好转。富含维生素的蔬菜和水果也是治病时必选的良药。按时吃饭，享受规律性的生活，从而提高免疫机能，是治病的关键。

第三、为孩子洗澡时，应该快速为孩子擦拭身体后换上干净的衣服，注意避免着凉。

＊发烧时：如果孩子出现发烧症状，就会很容易引起脱水症，因此，及时为孩子补充水分就显得非常重要。体内水分含量高，能有效促进新陈代谢的循环，汗液和尿液易排出体外，体温也会迅速下降。水分是第一，其次是热量。发烧是消耗性疾病，体温每上升1℃，热量就消耗12％。为此，妈妈们必须提供含有大量蛋白质和维生素的食品，为孩子补充充足的热量。

＊＊喉咙疼痛、肿胀时：如果孩子说喉咙痛，出现肿胀现象，就会在吞东西时出现疼痛感，也会不愿意吃东西。针对这一情况，可以选择少量凉爽的食品喂孩子吃，或者将食物做成流质状，以便于孩子吞咽食用。

＊＊＊严重咳嗽时：孩子咳嗽时，禁止采取激烈运动，避免冷空气、冰饮料等因素，而且要尽量少吃速食、香甜和油腻的食品。另外，保持室内空气不干燥也是需要关注的问题。

＊＊＊＊罹患鼻病毒感冒时：孩子出现流鼻涕、咳嗽等鼻病毒感冒症状时，要比平时多喝水，让鼻黏膜处于湿润状态。开启加湿器，让干燥、受刺激的气管维持适宜的湿度。

如果想要退烧……

孩子感冒，出现发烧症状时，妈妈们就会给孩子盖上厚被子。这样的方法是非常错误的，因为这样一来，孩子的体温会直线上升，为心脏带来过多的负担。正确的做法应该是保持室内通风、屋内的温度建议维持在18℃的凉爽状态，衣服穿得单薄一点，帮助热气排出体外。发烧症状严重时，直接脱掉孩子的衣服，用浸泡在温热水里的湿毛巾，擦拭孩子身体的每个部位，这样有助于促进血液循环，直到热度减退为止，一直按照按摩的方式为孩子擦拭身体，就会带来妙手回春的功效。把湿毛巾盖在孩子的身体上，会妨碍热气排出体外，注意避免这一现象的发生。

腹泻

　　如果孩子出现腹泻的症状，不能让孩子饿肚子，也不宜随便提供任何食品。即使孩子吃完东西后立刻腹泻，也有一部分是被人体消化吸收了的，因此建议妈妈们继续喂孩子吃。孩子腹泻时，但应避开辛辣、咸、油腻的食品。购买肉类时，建议挑选瘦肉，许多孩子喝牛奶后，会出现呕吐的现象，但是一旦孩子需要时，还是应取适量经常喂孩子喝。

＊按照平时的菜谱进行提供：针对腹泻的孩子，妈妈们会一连几天喂他们吃白米粥或糊糊，建议妈妈一如既往地准备餐食。白米粥或糊糊富含碳水化合物，能促进肠胃运动，有助于缩短排便周期。使用肉汤和瘦肉制作清淡的料理，有助于减慢肠胃运动速度，减轻腹泻症状。尤其是经常患有腹泻的孩子，平时应该注意吸收均匀的食品。偶而孩子会罹患过量饮食导致的腹泻症，但是这一类孩子体重都较重，由于食量大，导致便量增多，妈妈们不必为此而提心吊胆。

便秘

　　婴幼儿时期的便秘，不以排便次数和间隔为患病的依据，而是重视便的形态。即使是数几天来排便一次，只要粪便的状态不过硬，而且无任何异常，就不属于便秘症状。就饮食方面来讲，富含纤维素的蔬菜吸收量不足，或是提供了过多的牛奶，又或者未能吸收充足的水分，都易导致便秘。运动量不足、上幼儿园的压力、过度的大小便自理压力等因素都是儿童便秘的根源。因此，当宝宝出现便秘时，首先应该要了解清楚孩子的便秘根源，及时作出调整即可，不能一概而论，盲目增加蔬菜、膳食纤维的供应量。

*提供富含纤维质的水果和蔬菜：治疗便秘的基本方法是，喂孩子吃富含纤维质的蔬菜和水果。另一有效方法是减少流质食品的供应量。与其把水果榨成果汁后再进行提供，不如直接喂孩子吃果肉。孩子经常便秘的常见原因是吸收了过多的牛奶，因此建议将牛奶供应量规定为2～3杯。购买发酵乳时，挑选不甜、富含乳酸菌、营养价值丰富的产品。虽然有些产品会导致便秘，但是孩子的食量较少时，增加食量有助于解除便秘。牛奶的吸收量增多，就会减少孩子的食量，长时间如此，便秘就会更加严重，应该将食量提高到超过每日摄取标准的数值范围里。无论哪一种水果都可以派上用场，其中西洋樱桃或西洋樱桃果汁对便秘能产生特效。在牛肉汤里拌饭或提供饮料、冰淇淋、速食等食品不宜于治疗便秘，需要注意这些食品的危害。

排便后，肛门出现疼痛症状时，应该及时就医

由于大便过硬，导致孩子肛门疼痛时，孩子会因为忍住不排便而让便秘加重，这就是慢性便秘的开端。虽然饮食习惯非常重要，但是过早地进入幼儿园等改变孩子生活环境的因素，也会在短时间内加剧病症。这时，应该先带孩子到医院就诊，喂孩子吃几天医院的处方药。由于便秘导致肛门疼痛时，用温热水进行坐浴，可提供有效的帮助。

how you eat

过敏性皮肤炎和食品过敏

不偏食、全面均衡地摄入食物是孩子的饮食原则，但是，如果在这个时候孩子不巧食品过敏，很多妈妈就会慌了。如果限制食用怀疑的食品，会造成营养的缺失，影响孩子的成长发育。此时，建议妈妈们听取医生的建议，为患有过敏性皮肤炎、过敏症状的孩子寻找有效的营养吸收路径。

什么是过敏性皮肤炎?

过敏性皮肤炎是遗传、环境、免疫学等要素复合作用下的少儿期代表性过敏性皮肤疾病。常见的病症与食品、尘螨、细菌等问题相关。开始进入断乳食阶段的孩子或处于成长期的幼儿，表现出过敏性皮肤炎症状时，就应该慎重决定限制使用的食品。在这一时期，孩子快速生长发育，若是仓促决定限制使用的食品，可能会造成孩子的成长障碍。30%～50%的过敏性皮肤炎引发原因是可以通过食品检查来进行确认，但是食品不是唯一的发病源，病症是由多种不同的原因所造成的，妈妈不应该随意限制使用食品。虽然任何食品都有引发过敏症的可能性，但是每个人拥有不同的体质，即使是食用相同的食品，有些孩子会出问题，有些孩子却偏偏安然无恙。引发过敏性皮肤炎的代表性食品有鸡蛋、牛奶、花生、小麦等。

注意观察孩子是否出现异常症状?

* **什么是食品过敏症?** 是指孩子一般在吸收特定食品时，反映出的发疹、呕吐、腹泻等反复症状。婴儿的肠胃发育不良，未完全分解的蛋白质直接通过肠胃时，也会表现出过敏症状。过敏症状与过敏性皮肤炎一样，不仅是由食品引发，还有可能受遗传、环境、其他原因的影响。如果怀疑孩子罹患了过敏症，应该及时接受检查，首先确认病症原因是什么。

** **引发过敏症的食品**：最容易导致孩子罹患过敏症的食品有：牛奶、鸡蛋、花生、坚果类、海鲜、甲壳类等食品。如果孩子对哪一种食品表现出过敏，那么对相似的食品也有可能产生相同的反应。由此可知，已经判定为过敏食品的相关食品都应该禁止出现在孩子的餐桌上。如果孩子患有牛奶过敏症，对羊乳也有可能产生交叉过敏反应。患有牛奶过敏症的婴儿中，有30%～70%的婴儿同时罹患了豆类过敏症。

喂孩子食用某些食品后，若出现下述症状，首先要判断孩子是不是有罹患了食品过敏症，但是妈妈按照自己的判断来断定"食品过敏症"是无任何科学依据的，最直接的方法是去小儿青少年科诊疗室进行就诊。如果孩子食用一种食品后表现出异常反应，妈妈就应该记录孩子当天食用的食品，仔细记载食用后多久、出现哪些症状、从哪个部位开始出现症状、持续了多长时间等问题，那么就诊时一定可以提供有效的帮助。

1. 皮肤出现发疹或湿疹症状。
2. 食用后，几乎吐出了所有的食品。
3. 食用后，出现腹泻症状。
4. 引发呼吸困难。
5. 哮喘病恶化了。
6. 眼睛或嘴巴周围出现了肿胀现象。
7. 突然晕倒。

引发过敏症的食品

食品类	引发病症的食品
鸡蛋	蛋白
豆类	豆、花生、豆奶
坚果类	松仁、杏仁、核桃、银杏、栗子
鱼贝类	淡菜、牡蛎、鲍鱼、海螺、鲜虾、螃蟹、龙虾
白面粉	面条、面包、饼干
乳制品	牛奶、起司、酸奶
水果类	桃、奇异果、小番茄、橘子

如何选择和制作过敏症孩子的食物？

★**生食和谷物粉均不适宜**：患有过敏症状的孩子不宜食用生食，应该食用熟食，有利于减轻肠胃的消化负担。如果为孩子提供捣碎多种谷物制作而成的谷物粉，当一种成分导致过敏症时，我们无法轻易找出病症的原因，建议妈妈们淘汰谷物粉。另外，该食品有可能含有人体不易消化吸收的碳水化合物，导致肠胃的消化障碍。

★**无须推迟断乳食的开始时期**：如果孩子出现过敏症状，许多妈妈会延迟断乳食的开始时间，或限制食品的提供种类，但是针对过敏性皮肤炎，我们不仅要重视食品，还要关注遗传、环境因素等问题。在未进行确诊的情况下，无条件地限制使用食品，从而阻碍成长所需的营养供给，就有可能引发少儿贫血、营养不良等问题。尤其是未满2岁的孩子，其成长速度非常迅速，这一时期的营养供给非常重要，为了过敏症而限制提供成长所需的营养素是不科学的措施。这时应使用不易引起过敏性皮肤炎或过敏症状的谷物和蔬菜，牛肉在这个时期也必须开始使用。孩子罹患了过敏性皮肤炎，就应该寻找少儿青少年科专家医生，确认真正的病因，科学地进行食疗方法。

★**科学记录饮食日记，便于发现过敏源食物**：孩子出现发疹或长痘现象时，找出原因食品是治病的关键。仔细记录平时喂孩子吃的食品材料、数量、料理方法，待过敏症症状显现时，认真查看饮食日记。在随后的日子里，围绕孩子不过敏的食品进行提供，每隔3～7日尝试添加一种新材料。

★**巧妙使用代替品**：不能因为一种食品不适合孩子就断绝使用，这样做有可能造成营养不良，而且还会为孩子的成长道路增加一个关卡，从而降低免疫力，影响过敏性皮肤炎的治疗。用大米制作的糕类、马铃薯或地瓜代替面粉，若是海鲜成为问题，就可以用牛肉、豆腐、豆类等食品补充所需的蛋白质。有效利用替代食品，维持均衡的营养状态，还可以提高免疫力，强化身体健康。

★**蔬菜需要煮熟后再食用为佳**：煮熟的蔬菜不会引发过敏症，因此第一次喂孩子吃的食品即使是蔬菜也要煮熟，以确保安全。明⋯⋯应该挑选全熟的带皮水果，从苹果、梨子、香蕉开始着手

★ 怀孕、喂母乳时，尽量选择新鲜的食材：如果父母或兄弟姐妹中某人患有严重的过敏性皮肤炎，那么即将出生的孩子罹患此病的概率也相对较高。因此，妈妈从怀孕期间开始就应该加倍注意调理，在怀孕、喂母乳期间，尽量选择新鲜食品进行烹调。

★ 不能完全拒绝可疑过敏源食物：孩子出现过敏症状时，大多数妈妈们都会将被锁定为过敏原的食品拒之门外，但是禁止使用该食品并不是最佳的处理措施。如果限制使用过敏原的食品，那么营养不良症状就会开始出现了。引起孩子过敏的食品都因人而异，例如：孩子对豆类过敏，但是对豆类发酵食品却无任何反应。

★ 提供富含微量元素的蔬菜和海藻类：富含维生素和无机质的水果、蔬菜、海藻类等食品含有大量对人体有益的微量元素。需要注意的是，在烹调海藻类食品前，必须洗净盐分。

★ 暂停可疑食物，注意观察孩子食用后的反应：未满3岁的小孩有6%容易罹患食品过敏症，2%～3%的幼儿容易罹患牛奶过敏症。90%的食品过敏症孩子对鸡蛋、牛奶、花生、小麦产生过敏反应，被确诊为食品过敏症的少儿患者中，75%的案例是对一种食品产生反应。如果大多数患病的孩子不食用过敏原食品，3天以内胃肠症状就会出现好转，食品诱发的肠道病症会维持一周左右。牛奶过敏症婴儿若是食用加入大量开水泡的奶粉，就会逐渐好转，但是5%左右的过敏症状还是无法治愈。其中85%的患者在3岁以后，会彻底脱离牛奶过敏症的阴影。重新喂孩子喝牛奶时，可以慢慢添加1茶匙左右的奶粉量。30%的牛奶过敏症患者对大豆蛋白过敏，不过在孩子满1岁后，症状还是会消失的。值得庆幸的是，如果让孩子坚持1～2年不食用过敏原食品，过敏症就会完全消失了。不过凡事都有个例外，花生、坚果类、海鲜、贝等食品的过敏症（及时性反应）可能就不会那么容易痊愈，就需要着重处理。

★ 拒绝食品添加剂加入过多的加工食品：加工食品为了延长有效期和美化商品外观，在制作过程中添加了人工色素和防腐剂等食品添加剂。这些原料会刺激呼吸器官和消化器官，因此孩子会罹患降低免疫力的过敏症，对身体的有害程度就会加深。由此可知，患有过敏性皮肤炎或过敏症的孩子，最适合的食物就是妈妈亲手制作的食品，坚决拒绝食品添加剂。

Tip 容易引起过敏症的代表性食品3

鸡蛋

容易引起过敏的成分都隐藏在蛋白里。因此，应该先取适量蛋黄开始使用，起先的使用量是每次1匙，随后可逐渐增加使用量，蛋白适合在孩子满12个月后开始食用。鸡蛋经常用作烹调食品和加工食品，为孩子准备用鸡蛋制作的面包、饼干和加工食品时，也要留心观察孩子的症状。

牛奶

如果家人中有哪位罹患了过敏症，孩子应该全程使用母乳，但是被确诊为牛奶过敏症的孩子无法食用母乳时，妈妈应该准备加水分解的牛奶蛋白质，也就是过敏成分较少的低敏性奶粉。鲜奶易引起微小的肠出血或过敏症，必须等到孩子满周岁后再开始使用。牛奶常是制作饼干的原料，挑选饼干时，注意它的成分表，酸奶和起司等食品也应该注意使用。一般来说，发酵的乳制品比牛奶更容易被孩子接受；购买酸奶时，挑选不添加水果等附加物的原味发酵乳。

豆类

大多数孩子在满6个月时，可以接受豆类，但是若担心豆类过敏症的侵害，可推迟使用时间。一般来说，食用牛奶或奶粉的孩子是在吸收大量动物蛋白，就没有必要坚持食用豆奶。

now
to
eat

预防小儿肥胖症的良好习惯

处于成长期的孩子，对于各种营养的需求量都很大，同时，如果不注意也很容易造成营养过剩，不知不觉中形成肥胖的体形，有着被其他的孩子嘲笑或无视的可能性，妈妈们应该要多多细心关怀，突破孩子的心理障碍。

要时常让孩子外出玩耍，
增加孩子的运动量，
以早日预防孩子的肥胖隐忧。

为什么会造成小儿肥胖症?

随着人们生活质量的提高，肥胖已经不是大人世界的专属名词了，很多孩子患有威胁身体健康的严重肥胖症，幼儿、青少年肥胖症会延伸为成人肥胖症，进而引发各种综合症，届时糖尿病、心脏疾病等成人病会加速现形，甚至会导致原有的病情加剧。换句话说，肥胖儿童是潜在的成人病患者，具有罹患高血压、高脂血症、脂肪肝炎、胆结石等疾病的可能性。

处于成长期的孩子，对于各种营养素的需求都很大，因此，不能通过节食而减肥瘦身，而应该注重饮食和科学合理的运动锻炼来控制体形。如果家长们没有及时重视这一问题，孩子可能就会引起其他的健康问题，也可能会因为肥胖的体形而被其他朋友嘲笑或无视，就会增加孩子的压力，对于孩子的心理健康也有一定的影响，严重的话甚至会导致孩子罹患自闭症，长期以往，孩子的社会能力将下降，也可能会阻碍孩子正常的人际交往。

注意下述习惯

★**孩子不吃早餐：**不吃早餐的孩子一般中午都会暴饮暴食，或是在早餐之前食用甜食而没了胃口。这些饮食习惯是让孩子走向肥胖的捷径。愈是肥胖的孩子愈是偏向于拒吃早餐而选择暴食或多吃晚饭。

★**偏爱高脂肪、高热量食物：**外出就餐时选择的食物，大部分是高热量、高脂肪食品。而小儿肥胖症的重要原因是高热量点心和不规则的饮食习惯。如果孩子经常暴食，热量摄取量必然高，不论大人小孩都应该注意这一点。白米、面条、饼干、香甜的饮料、面包等食品容易被人体所吸收，进而增高血糖，若这种状态长时间持续下去，会出现胰岛素抵抗性。比起外出用餐，建议一家人一起在家享受温馨的时光，点心也应该以在家制作的健康食品为主。建议使用的功能表是杂谷饭、全麦、蔬菜、水果、不油腻的瘦肉等食品。

★**观看电视机和使用电脑的时间过长：**观看电视和使用电脑是把孩子引向肥胖的原因之一。在孩子满2岁之前，尽量不要指导孩子观看电视和使用电脑，即使孩子满2岁了，也要把使用电视、电脑、游戏机、光碟等的时间控制为每日1～2小时，不可以将电视放在孩子的房间是最基本的措施。

★**膳食纤维摄取不足：**未消化的碳水化合物、未捣精的谷物、新鲜的水果和蔬菜等食品富含膳食纤维。膳食纤维能有效预防肥胖和成人病，建议妈妈多让孩子食用这些食物。蔬菜、水果及糙米等未捣精的完整谷物都富含膳食纤维。

孩子满2岁后，降低脂肪的摄取量

在满2岁前后和5岁前后，孩子若偏食或发育不良，很多妈妈都会很担心。这个时期是长高、身体机能发育、体格强壮的重要时期。因此，成长速度比周岁前缓慢。5～6岁是一生中体内脂肪含量最低的时候，这时过多地摄取食物而没有运动的话，身体脂肪就会增加，促使肥胖症提早现形。如果孩子的体重超标，就应该确认是否为孩子提供了过多的牛奶、是否用饮料代替了牛奶、是不是孩子未咀嚼就直接下咽等问题。在孩子满2岁后，占据一半总热量的脂肪比率要逐渐减少。到了5～6岁，热量比率应该以50%的碳水化合物、20%的蛋白质、30%的脂肪作为对比根据，依此来调整营养的均衡。

预防小儿肥胖症……

★一天要提供5次以上的水果和蔬菜：蔬菜和水果与体内脂肪无关，它们有益于身体健康，还具有降低慢性疾病频率的功效。充分地吸收该营养，不仅对现在，对未来的健康也能产生不可抹灭的作用。一天为孩子提供5种以上的水果和蔬菜最佳。市面上的果汁等加工食品应该远离孩子的生活，让营养丰富的水果和蔬菜参与到日常饮食中，根据适宜的大小切块后，直接喂孩子吃是最健康的食用方法。

★不宜过多提供100%果汁：即使是不采用任何添加剂的100%果汁，也失去了对身体有益的大量食物纤维，仅留下了浓缩的水果糖分。与其把水果榨成汁，不如直接切块喂孩子吃，健康又方便。

★禁止使用香甜的饮料：添加蔗糖的饮料与超标的体重、肥胖症有着密切的关联，不提供甜的饮料是降低一日热量摄取量的最佳方法。市面上销售的食品中含有的人工调味料是促使孩子迷恋甜味的罪魁祸首，尽量让孩子少接触该类食品。为了孩子的健康着想，要远离无蔗糖饮料或食品，多让孩子吃水果，让他们喜欢自然的甜味。挑选点心时，应该挑选添加香甜的桂皮或香草等天然香辛料的食品。妈妈可以用水或低脂牛奶代替添加蔗糖的饮料。

★让孩子摄取膳食纤维，增添饱腹感：膳食纤维不会被人体所吸收，若是与肠道内的食品混合，就会呈现柔软、黏稠的果冻状，缓慢地通过肠道，因此会长时间维持饱腹感，有助于调整体重。膳食纤维一般分为两种：一种是易溶于水的水溶性；另一种是不易溶于水的不溶性食物纤维。水溶性食物纤维都藏在苹果、奇异果、香蕉等水果和包菜、萝卜、黄瓜、胡萝卜等蔬菜中，还有昆布、海带芽、海苔等海藻类当中也含有水溶性膳食纤维。这些水溶性膳食纤维与水分混合后，会呈现果冻状，与其他食品相混后给人饱腹感。不溶性膳食纤维藏在地瓜、马铃薯、糙米、玉米等谷物和西兰花、包菜、南瓜等蔬菜类中。不溶性食物纤维吸收水分后，会增加排便量，具有活化排便运动的功效，坚持吸收适量该类营养，还能有效预防便秘的症状。

我的孩子是否有肥胖症？

判断肥胖症的常见方法是测试肥胖度，但这一资料并不完全正确。与此相反的是，计算孩子的身体品质指数，与该表格进行对比，它是反映真实的人体脂肪的资料，因此正确率比较高。但是，在孩子满2岁前，不宜进行测试，而且未满6岁的孩子具有肥胖、体重超标现象时，比起减少体重，更应该在维持现状的前提下，缓慢地进行矫正。近年来，由于偏食和活动量的减少，以大城市为中心，出现肥胖儿童的资料呈现日益增加的趋势。孩子体重超标、肥胖的判断依据因国而异，但是一般以相同的年龄和性别进行比较时，85～94百分比数的体质量指数是表示体重超标，超出95百分比数的数字是表示肥胖。

诊断方法

1.体质量指数（Body Mass Index，BMI 千克／m²）

体重除以身高的平方值就是体质量指数，就是检查孩子满6岁以后，身体皮下脂肪和体脂肪之间的相关性。与骨头或肌肉的数量相比，能正确地反映体脂肪的数量。与骨头或肌检测肥胖症患者，而且特异性（specificity）较高。通过该指数，可以排除未患肥胖症的人群，更能有效地但是敏感度较低，偶尔会出现漏网之鱼。个子较小的孩子所显示出的指数相对偏高，因此营养状态会比实际情况更加优越。下述资料可作为参考，青少年期BMI指数的上升与血压上升、高脂血症有着密切的关联，可以通过青年期BMI指数进一步预测脂质、血压等因素。

2.肥胖度

（实际体重−不同身高的标准体重）／不同身高的标准体重（50百分比数）×100，计算上述公式的结果超过120%是表示肥胖，150%～199%是表示中度，超过200%是表示超高度肥胖（morbid）虽然不完全正常，但属于一种常见的测试方法。

★轻松愉快的家庭用餐氛围：孩子们喜食的披萨、汉堡等速食都含有大量盐分和糖分，容易将孩子引向肥胖的道路。尽量少吃外食，并与家人一起营造用餐的温馨环境。为了培养孩子健康的饮食习惯、生活习惯，父母应该自己当模范，为孩子树立正确的形象，因为孩子看到父母做什么，就学什么。

★食物不宜盛满：应该在碗里装满食物还是先提供少量的呢？还是等到孩子需要更多时，再为孩子增加供应量呢？答案必定是后者。即使是一餐的食量，也不宜一次性地提供，先提供少量，待孩子需要再更多量，让它因时制宜地出现。这个方式可以阻止暴食恶习的滋生，同时能降低热量的吸收。

★拒绝"一边吃饭一边看电视"的用餐模式：重要的是，培养孩子坐在餐桌前吃饭的习惯。如果孩子一边看电视或书，一边吃饭，就无法感觉胃部发出的吃饱信号，在饱腹的状态下继续进食，容易导致肥胖症。从第一次喂孩子吃固体状食品时开始，在餐桌边准备一张儿童专用椅子，或者让孩子坐在小餐桌前用餐，培养正确的饮食习惯，在此之后，也要指导孩子坐在指定的位置用餐，将用餐时间规定为20分钟左右。若孩子不在规定时间内用餐，就直接收拾餐桌，孩子集中精力的时间较短，无法长时间坚持用餐。收拾餐桌后，可以加快下一餐的提供时间。吃点心时，也应该充分地考虑营养状况，均衡地提供碳水化物、脂肪、蛋白质等营养素。

★增加在外玩耍等身体活动量：现在的孩子减少了在外玩耍、活动身体的时间，反而增加了看电视、使用电脑和游戏机的时间。最棘手的问题是，应改变这些不良生活习惯。应该增加在公园玩耍、骑脚踏车、散步等对身体有益的活动。如果是冬天，就打开收音机，让孩子随着音乐跳舞，增加对身体有益的活动，尽量减少与电视、电脑的接触机会。

小儿发育的标准值

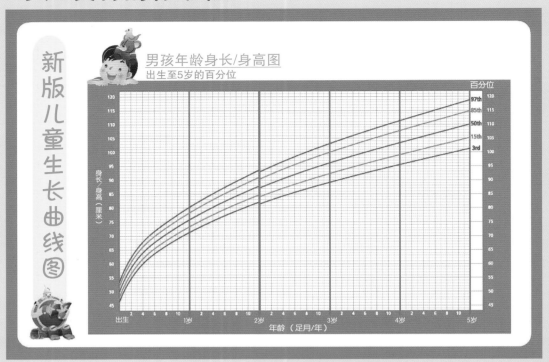

新版儿童生长曲线图

男孩年龄身长/身高图
出生至5岁的百分位

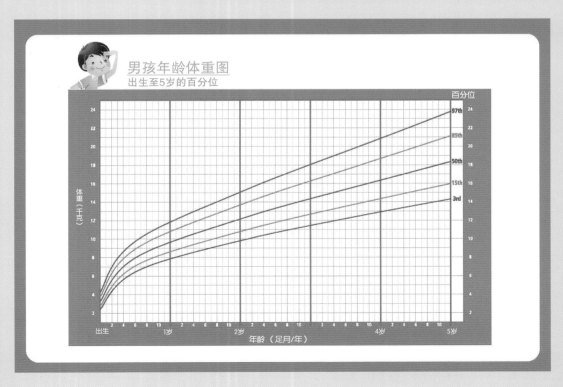

男孩年龄体重图
出生至5岁的百分位

新版儿童生长曲线图

女孩年龄身长/身高图
出生至5岁的百分位

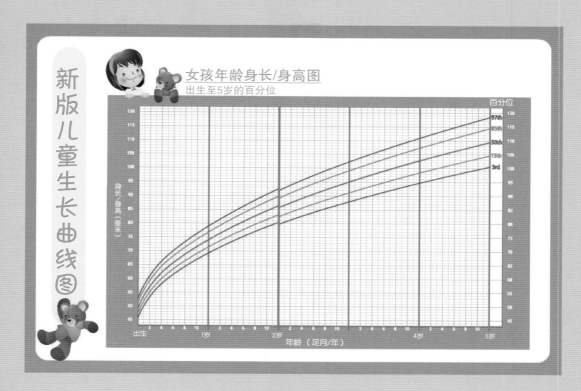

女孩年龄体重图
出生至5岁的百分位

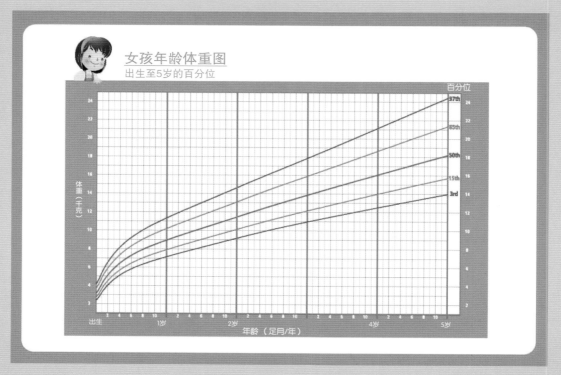

图书在版编目（CIP）数据

健康宝宝的简易断乳食谱/甘智荣主编. --乌
鲁木齐:新疆人民卫生出版社,2015.8
ISBN 978-7-5372-6286-6

Ⅰ.①健… Ⅱ.①甘… Ⅲ. ①婴幼儿—食谱Ⅳ.
①TS972.162

中国版本图书馆CIP数据核字(2015)第164950号

健康宝宝的简易断乳食谱

JIANKANG BAOBAO DE JIANYI DUANRU SHIPU

出版发行	新疆人民出版总社 新疆人民卫生出版社
责任编辑	张 鸥
摄影摄像	深圳市金版文化发展股份有限公司
策划编辑	深圳市金版文化发展股份有限公司
封面设计	深圳市金版文化发展股份有限公司
地　　址	新疆乌鲁木齐市龙泉街196号
电　　话	0991-2824446
邮　　编	830004
网　　址	http://www.xjpsp.com
印　　刷	深圳市雅佳图印刷有限公司
经　　销	全国新华书店
开　　本	173毫米×243毫米　16开
印　　张	15
字　　数	150千字
版　　次	2016年4月第1版
印　　次	2016年4月第1次印刷
定　　价	32.80元